形导思维

附教学视频

产品设计造型方法及表现

严专军 梁军

编著

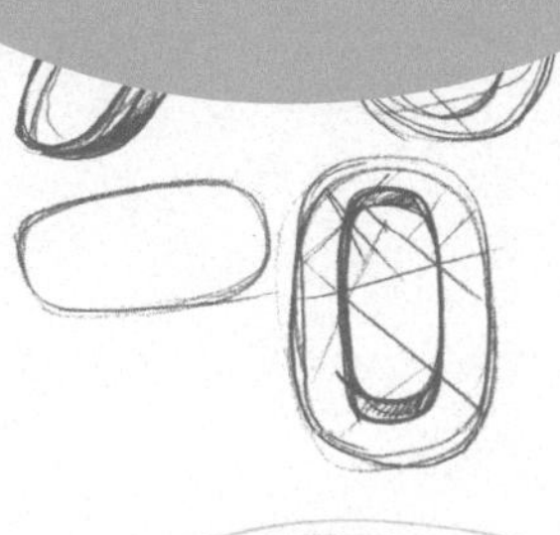

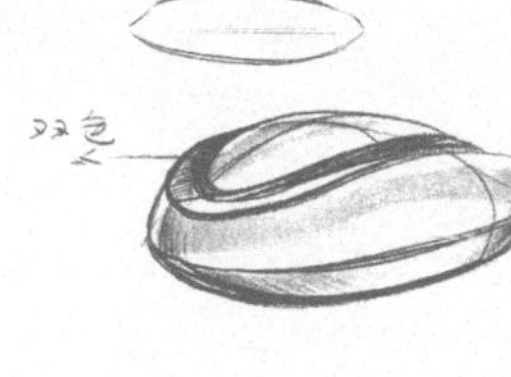

人民邮电出版社

北京

图书在版编目（CIP）数据

形导思维 ：产品设计造型方法及表现 ：附教学视频/
严专军，梁军编著. -- 北京 ：人民邮电出版社，
2019.10（2023.6重印）
现代创意新思维·十三五高等院校艺术设计规划教材
ISBN 978-7-115-49468-9

Ⅰ. ①形… Ⅱ. ①严… ②梁… Ⅲ. ①设计－造型设
计－绘画技法－高等学校－教材 Ⅳ. ①TB472.2

中国版本图书馆CIP数据核字(2018)第224971号

内容提要

本书共7章。第1章，形态的诞生；第2章，形态的优化；第3章，形态的特征；第4章，形态的作用；第5章，形态的语义；第6章，产品设计研发流程；第7章，国内优秀设计公司案例赏析。全书对形态从何而来、如何画出更多的形态、如何推敲出更好的形态做了简洁清晰的介绍，在设计思维上给出了独特的见解。

本书既适合工业设计专业的学生学习使用，也适合工业设计爱好者参考借鉴。

◆ 编　　著　严专军　梁　军
责任编辑　刘　佳
责任印制　马振武

◆ 人民邮电出版社出版发行　　北京市丰台区成寿寺路11号
邮编　100164　　电子邮件　315@ptpress.com.cn
网址　https://www.ptpress.com.cn
涿州市京南印刷厂印刷

◆ 开本：787×1092　1/16
印张：10.75　　2019年10月第1版
字数：239千字　　2023年6月河北第3次印刷

定价：64.00元

读者服务热线：(010)81055256　印装质量热线：(010)81055316
反盗版热线：(010)81055315
广告经营许可证：京东市监广登字20170147号

序

——为“黄山手绘”

设计手绘，既是设计师进行创造活动时特有的一种表达语言，也是设计师与自身“灵魂”对话的重要语言，在设计师综合能力的培养和构建中，具有极其重要的地位与作用。而现阶段，仍然有很多设计师及设计专业的学生，并没有掌握好这一语言。比如，没有从本质上掌握基本“发声”方法，表达起来“期期艾艾”；又如，仅仅将这一语言视为“巧舌如簧”的表现工具，忽略了其能帮助我们更“巧捷万端”地去探求设计答案的真正目的。这些问题与认知上的片面，都会成为设计师综合能力提升道路上的荆棘与障碍。

“黄山手绘”这套书，记录了中国年轻一代工业设计师的成长过程，我为这样的探索感到欣慰，也寄予厚望：不要满足已有的成果，“设计”的责任远非如此。

这套书摈弃了由基础理论至实际案例的传统阐述模式，直接以不同形态的产品为切入点，将“黄山手绘”多年探索研究的“借笔建模”工业产品设计手绘教学模式融汇贯穿于实际产品案例绘制之中，逐类进行线稿与着色方法的分析与讲解，以帮助读者掌握好“发声”方法，实现从 0 到 1 的技能蜕变。

进而，该套图书以技能为基础，以问题为导向，以纸张为载体，以画笔为桥梁，借助设计手绘这一“直通灵魂”的设计工具，通过“形导思维”的训练方法，在三维空间与设计思维的高度互动与碰撞中，带领读者探索解决设计问题的无数种可能性，再从“巧捷万端”的设计思绪中寻求最合适的设计解决方案，以帮助读者实现从 1 到 N 的思维蝶变。

最后，该套图书从工业设计学子的考研、就业等实际需求出发，系统地介绍了设计手绘这一设计师必备语言的设计实战应用方法，以帮助读者真正学以致用。

工业设计手绘要表达的内容并不是手绘本身，而是所绘制的内容及设计思维的传递。但现今仍然有很多设计专业的学生及设计师在学习手绘的过程中存在本末倒置的现象，把手绘当成一种炫技的工具，这是个问题。设计师需要有很强的创新能力及独特的思维，唯有创新与独特的思维才能创造未来。

写此序，也是我对中国年轻一代设计师的嘱咐，愿我国年轻一代的优秀设计师不负众望。

柳冠中

自序

写本书的初衷与目的，是把我做设计工作十年来看到的、学到的、应用过的实战经验总结下来，希望能够帮助设计专业的学生及设计爱好者拓展视野，学到更专业的知识、更独特的思维方式。这对我来说更是个考验。这些年的教学让我深刻体会到，教与学是两个截然不同的概念。学，是主动的行为，可多可少。教，更多的是被动的，教什么？教多少？通过什么样的方式去教学生可以更容易吸收？通过什么方式帮助学生消化知识点？通过什么方式考核学生对知识的理解程度？这一系列问题都要量化，不然就没法教。书中多数的图及想法都是通过这十年的教学与设计实践不断积累而来的，我希望通过知识与观念的不断累积与思考，不断迸发出更多想法及观点，以便自身的职业素养不断提升，为后续的教学累积更多正确的教学理念，从中找到更完善的教学思路。同时也希望各位读者在研读此书的过程中，对书中不足之处提出宝贵意见。

黄山手绘工厂联合创始人　严专军

前言

形态从何而来？

怎样推敲形态？

如何画出更多的形态？

如何画出更漂亮的形态？

怎样把控完整的设计流程，输出高质量的设计？

这些问题困惑了我们很多年，也使我们平时在设计或画草图时不断思索，希望能够从中找到一些规律、方法、套路，从而每次都能够轻松地应对相关的设计任务，能有一个高效的、系统的设计思路及完整的、缜密的设计思维。希望大家在参阅本书的时候也能以此为参考，以同样的思维方式为入口，说不定能品读出全新的视角，品悟出更多思维模式。

编者

2019 年 2 月

目录

第 1 章 形态的诞生

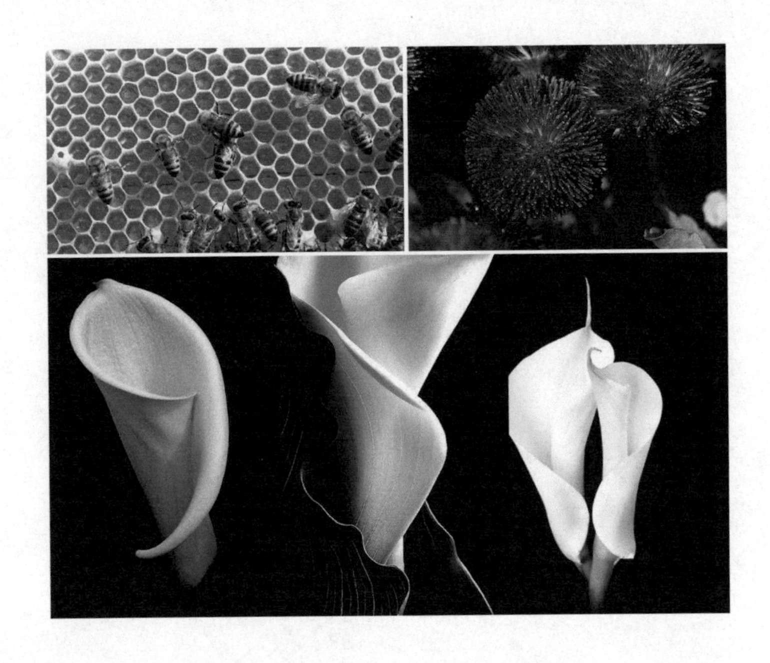

1.1 形态从何而来

自然是万物之源，自然界各式各样的物种，在瞬息万变的环境下诞生，它们的样子也是千变万化的，组成了五彩斑斓的世界。

1.2 如何重新定义形态

人类通过观察自然界中各种生物生长的规律及形态，再经过全新的思考与重组，得到不一样的结果，并将结果运用到建筑、服装、动画等设计领域，希望得到全新的产品，这个重新定义形态的过程就是设计。

1.3 如何创造形态（造型方法）

造——创造，是从无到有的过程。造型就是创造新的形态，我们可以运用点、线、面等元素，通过一定的规律、排列及组合形成我们想要的形态，并达成一定的目的，这个过程便是创造。

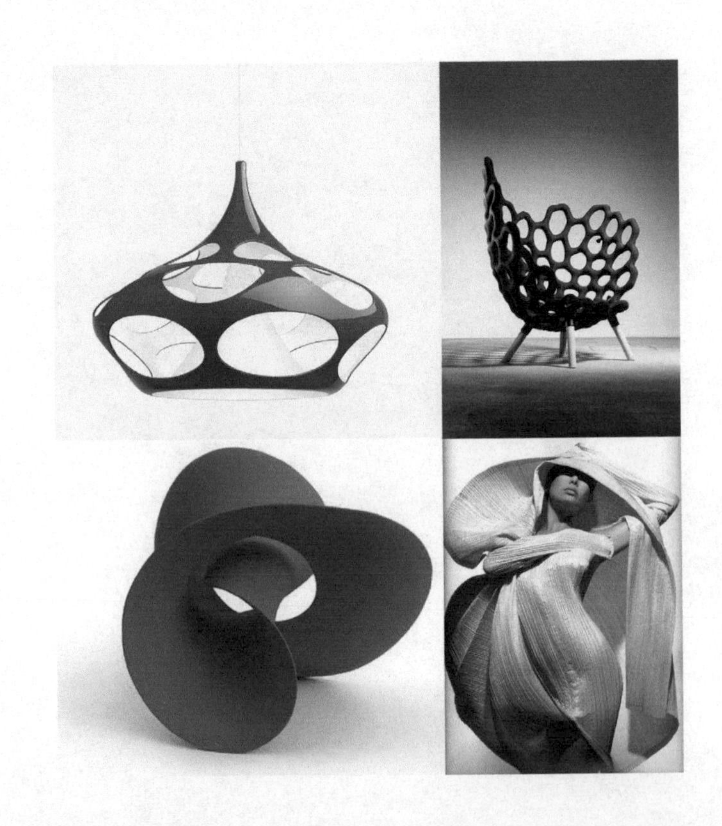

造型元素 → 造型方法 → 造型目的

造型元素

点、线、面
及长方形、
正方形、圆、
椭圆等常规几何图形

造型方法

拉伸成型、
放样成型、
旋转成型、
多曲面闭合成型

造型目的

提、握、
储物、坐、
挂等特定
物理功能需求

扫码看视频

1.3.1 拉伸成型

拉伸成型——一个特定的元素或形态向特定的方向水平移动，留下的轨迹所产生的形态。

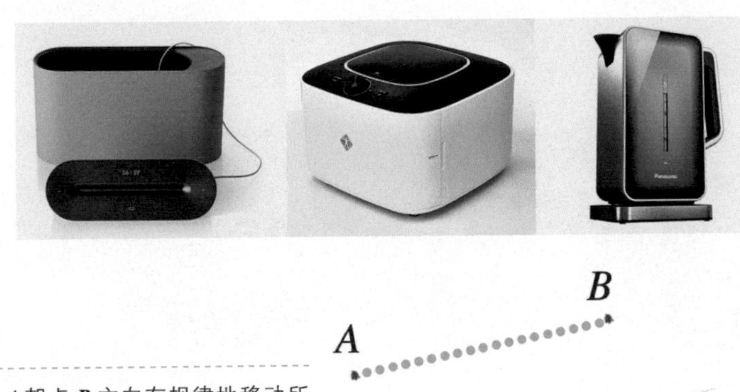

点 ***A*** 朝点 ***B*** 方向有规律地移动所形成的轨迹就是直线，由此实现了由点到线的一维图形创造过程。

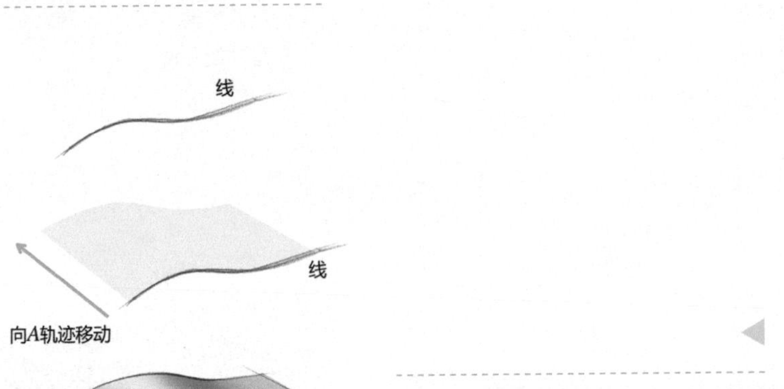

线向 ***A*** 轨迹移动形成曲面 1，由此实现了由线到面的二维形态的创造过程。

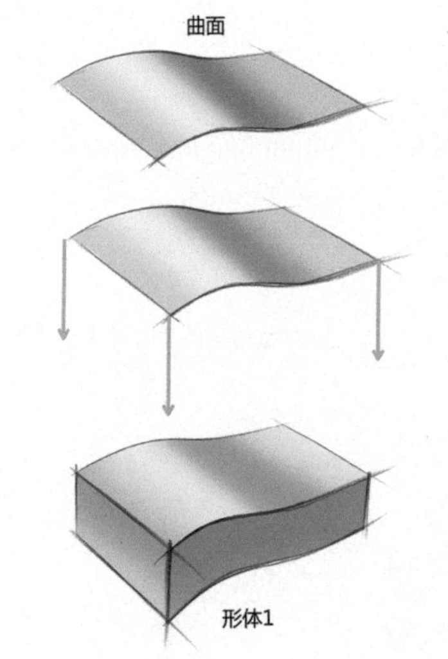

曲面朝一个方向移动所形成的轨迹就是一个形体，实现了三维形态创造过程。

拉伸形态产品草图绘制步骤如下。

第 1 步，确定特征线；

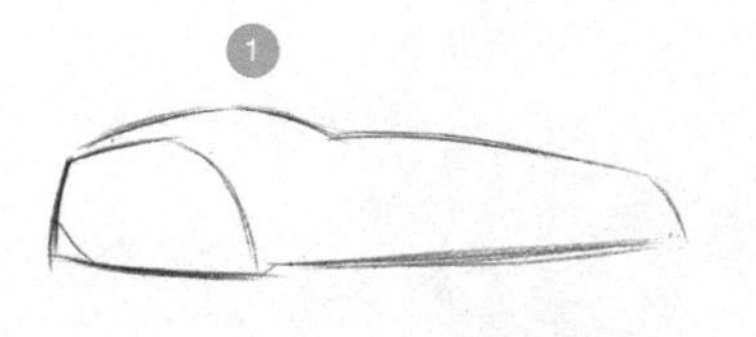

第 2 步，在特征线的基础上构建虚拟平面，并标示出特征线的特定转折点；

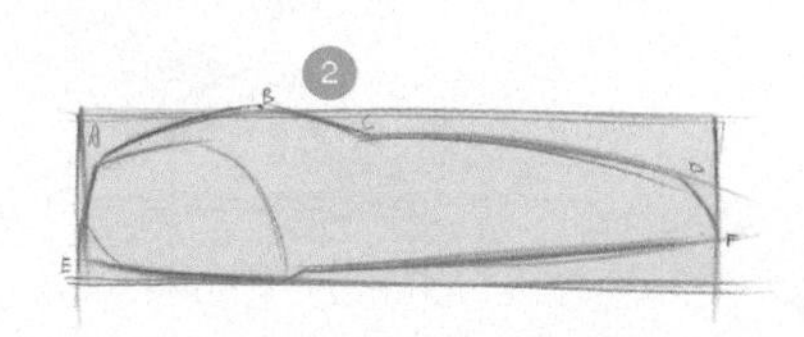

第 3 步，把第 2 步构建的虚拟平面按同样比例构建为透视空间；

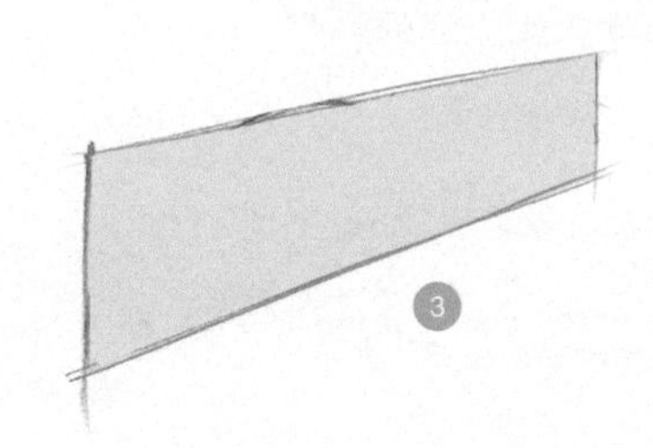

第 4 步，把特征线按同样比例放置到透视空间平面上；

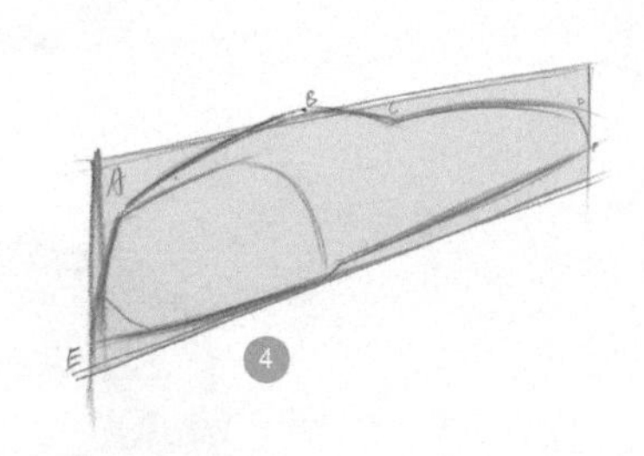

第 5 步，沿另外轴向挤压一定距离，需注意纵深方向所有线条的透视；

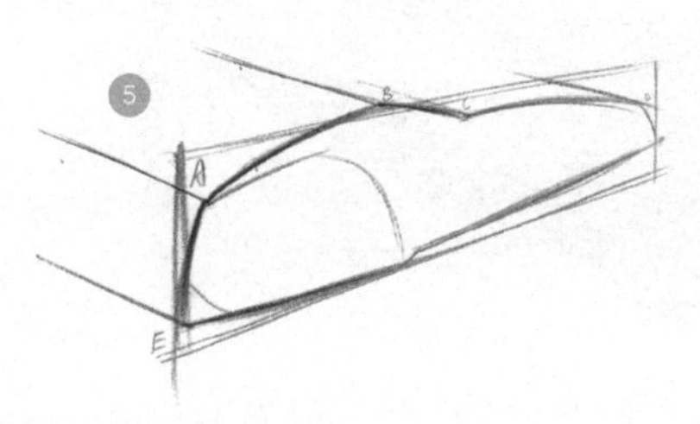

第 6 步，根据设计需求设定纵深方向长度并封闭；

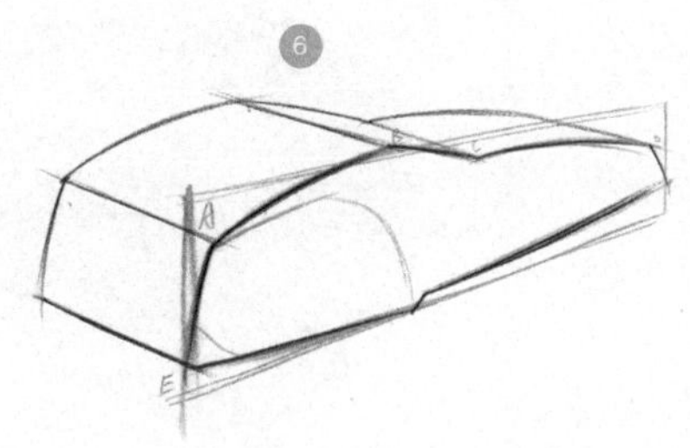

第 7 步、第 8 步，根据设计需求添加造型及设计细节。

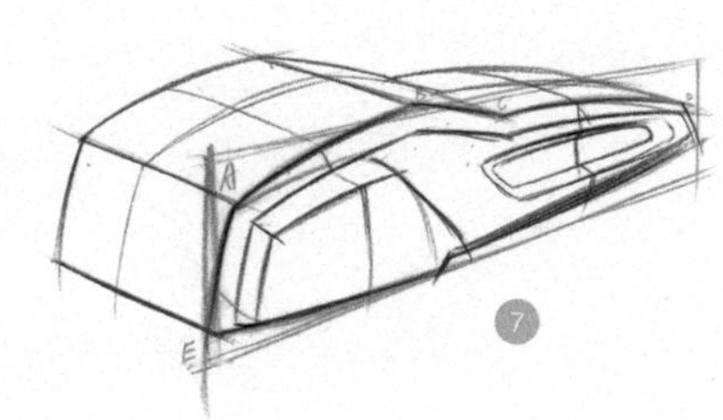

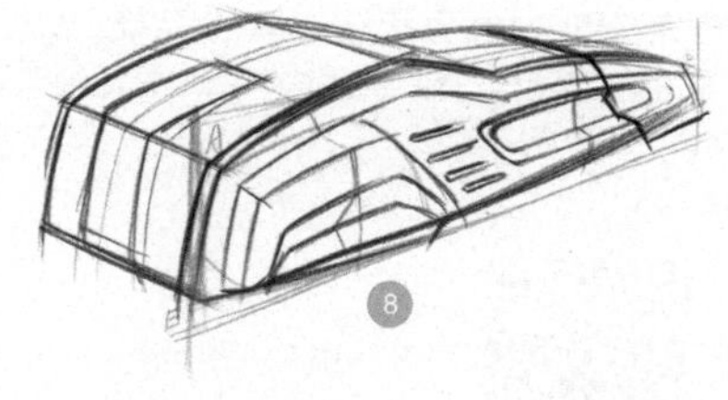

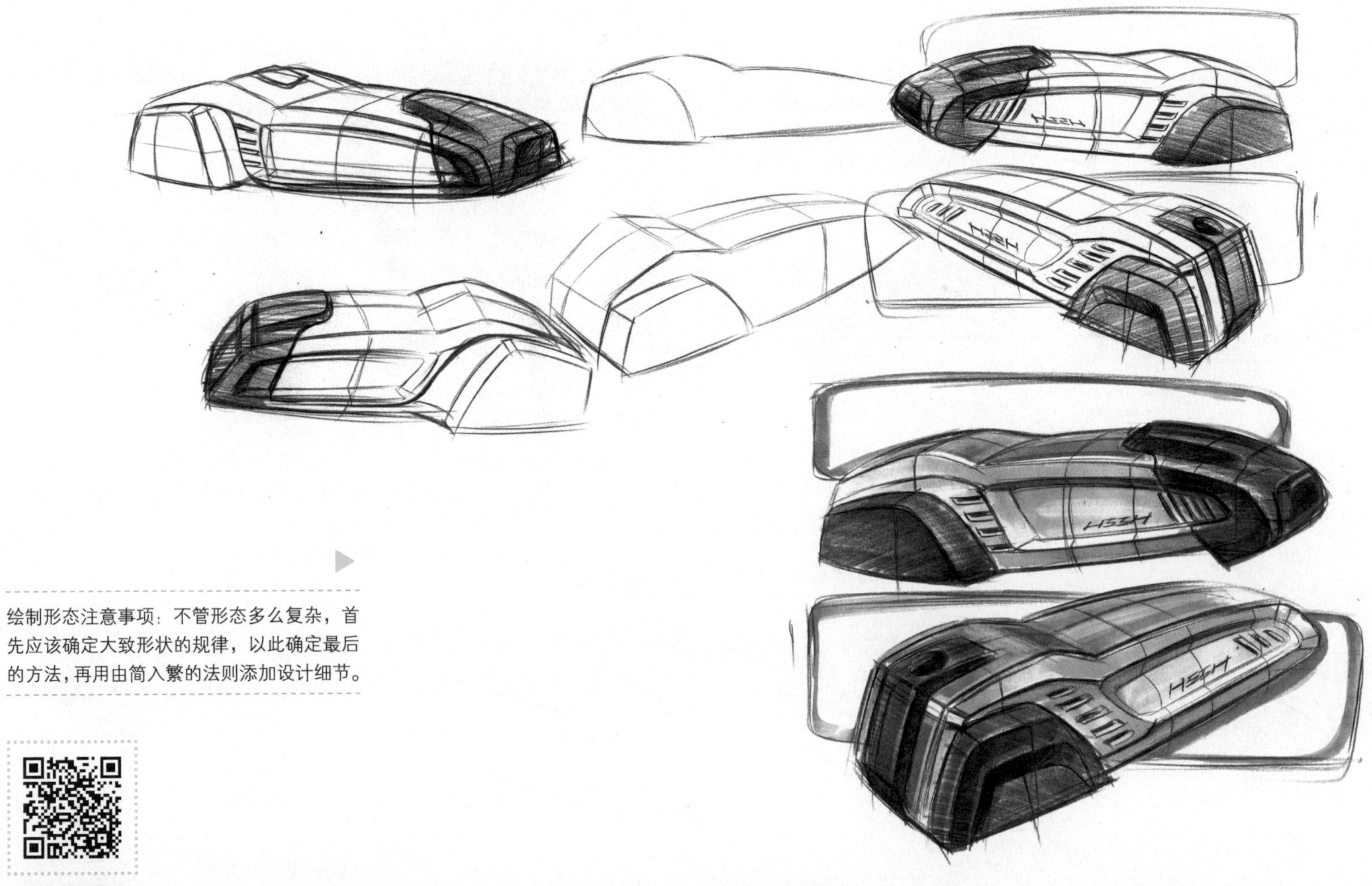

绘制形态注意事项：不管形态多么复杂，首先应该确定大致形状的规律，以此确定最后的方法，再用由简入繁的法则添加设计细节。

扫码看视频

1.3.2 放样成型

放样成型——特征线沿特定路径有节奏、有规律地移动后形成的形态。注：特征线可以是多个相同或不同的线形，大小、形状均可不同。

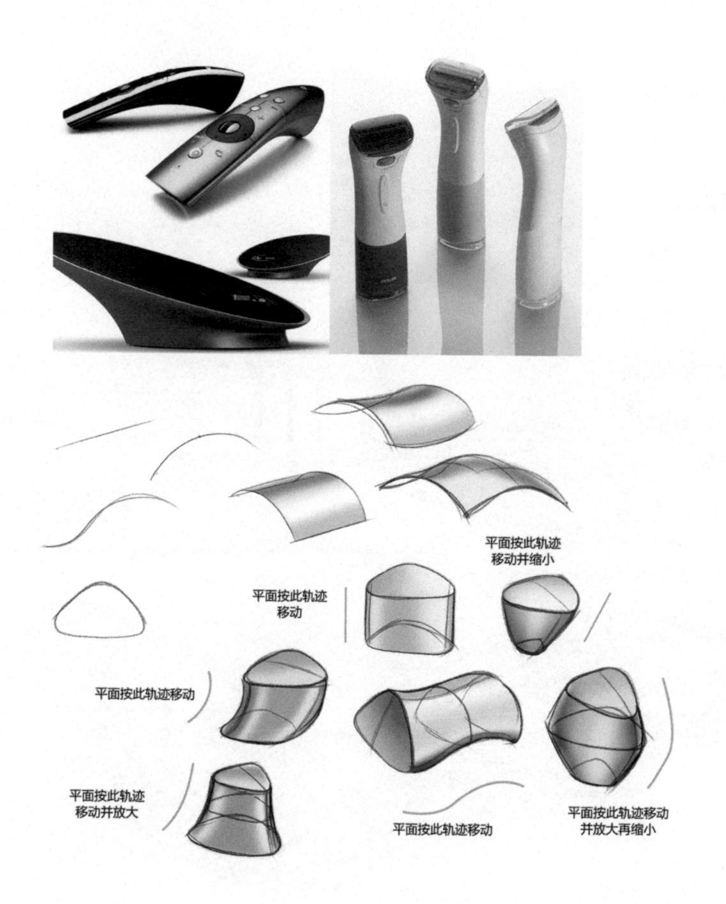

采用放样成型原理，通过对一个几何图形进行组合、排列等变化处理，可以很轻松地构建出多种不同的形态。

第1步，确定3根封闭曲线；第2步，把这3根曲线构建成虚拟平面；第3步，把第2步构建的虚拟平面构建成透视空间，把3个平面按大小比例放置于透视空间中；第4步，把3根曲线按第2步的比例大小放置到虚拟平面中；第5步，把3根曲线最外轮廓相切点处用曲线连接，形成封闭形态；第6步，再添加一些结构线以丰富型体的转折关系。

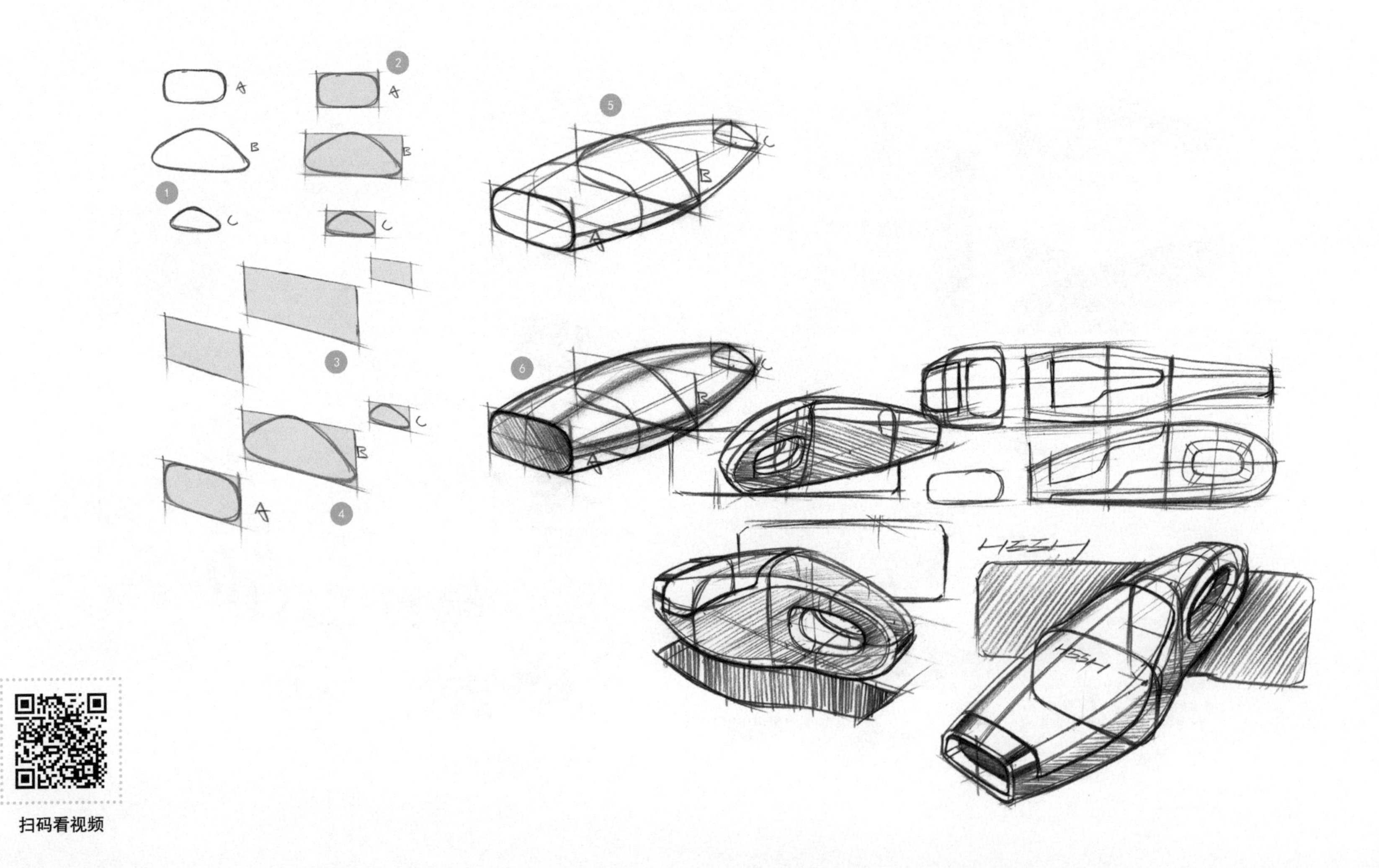

扫码看视频

1.3.3 旋转成型

旋转成型——特征线沿特定路径或某一中轴线旋转到特定的角度形成的形态。

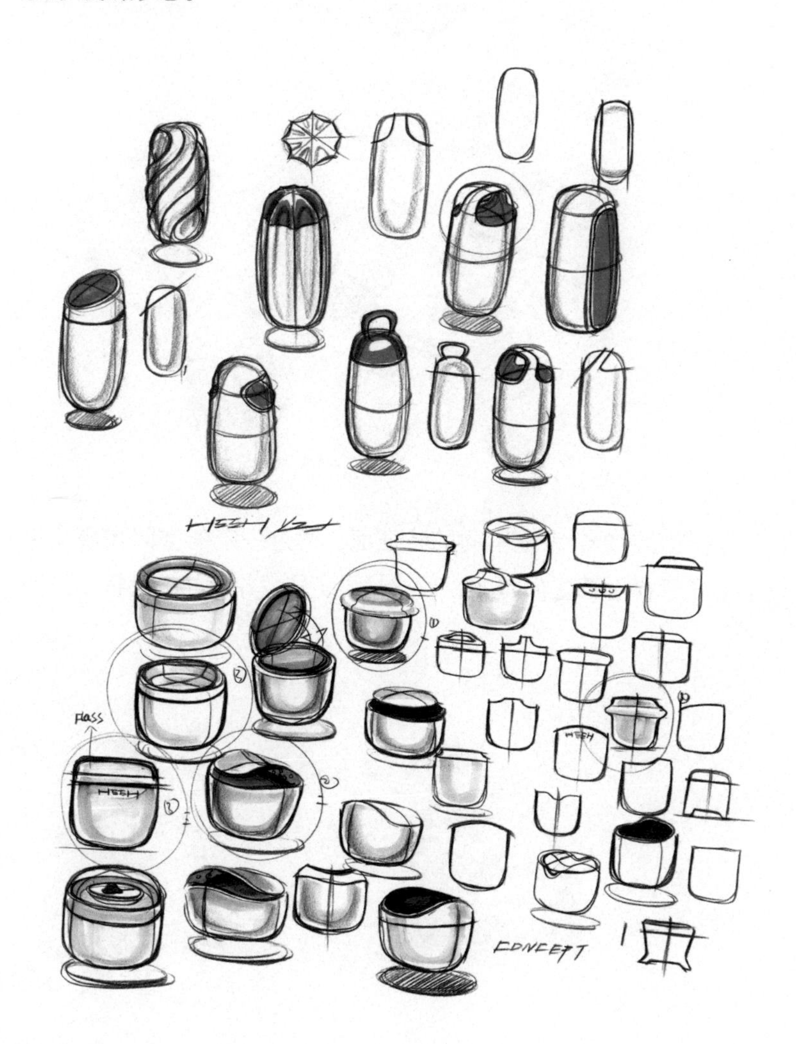

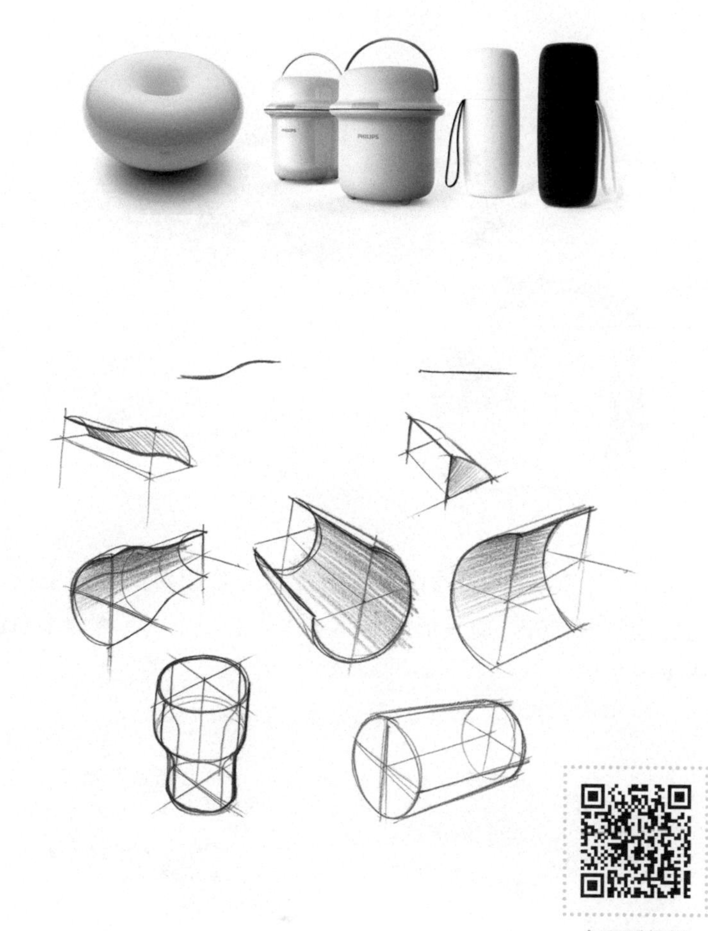

扫码看视频

1.3.4 多曲面闭合成型

多曲面闭合成型——可以理解为常见的包裹形态，即两个以上的特征面围合成一个封闭的空间所形成的形态，这是常见的产品造型设计手法之一。

一个特征面向下镜像复制，得到一个相对闭合的空间，再把剩余的面补齐，使其形成封闭实体的造型手法，称为多曲面闭合成型。

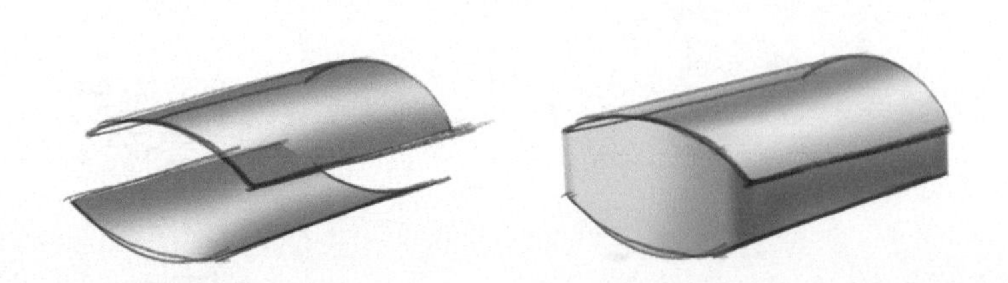

首先绘制2个完全不同的特征面，通过一定的空间包裹，再将包裹的两个型面之间补齐，形成封闭实体，并使其满足特定空间需求。

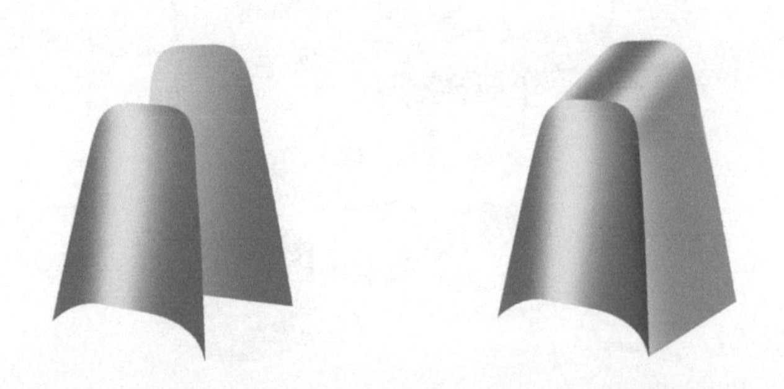

多曲面闭合成型设计手法应用非常广泛，由多个相同型面或不同型面组合均可，整体造型相对变化丰富，造型比较灵活。

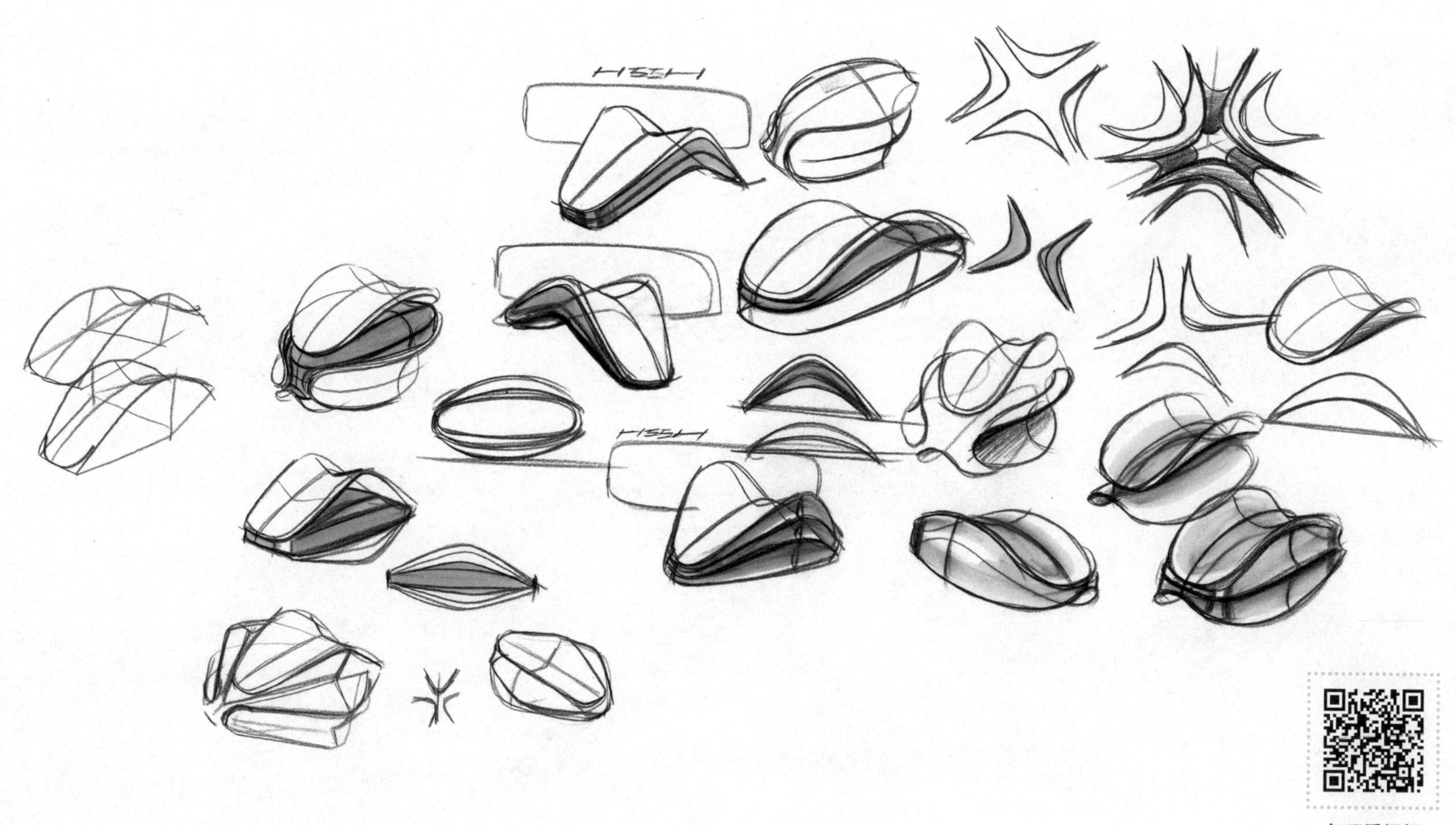

扫码看视频

第 2 章 形态的优化

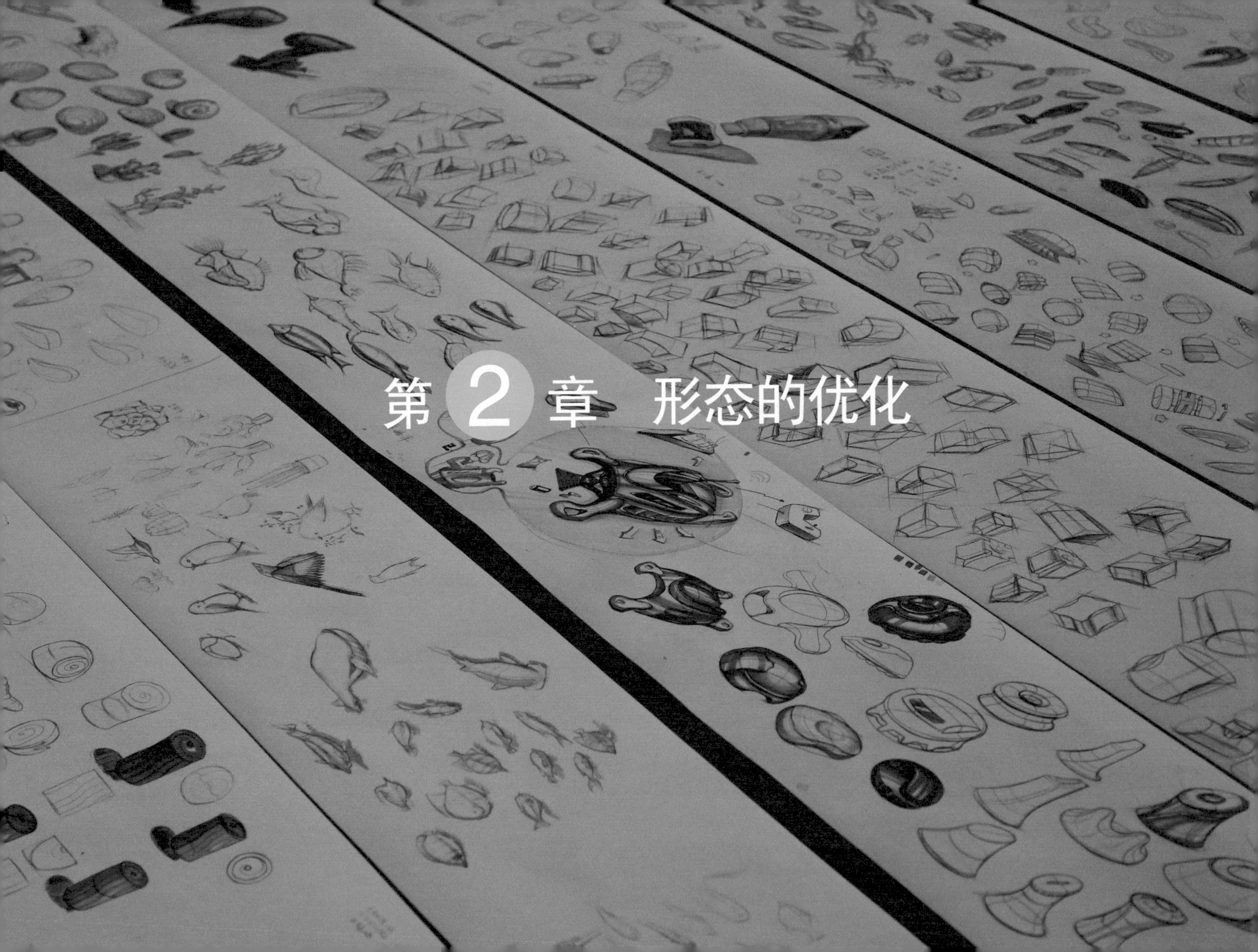

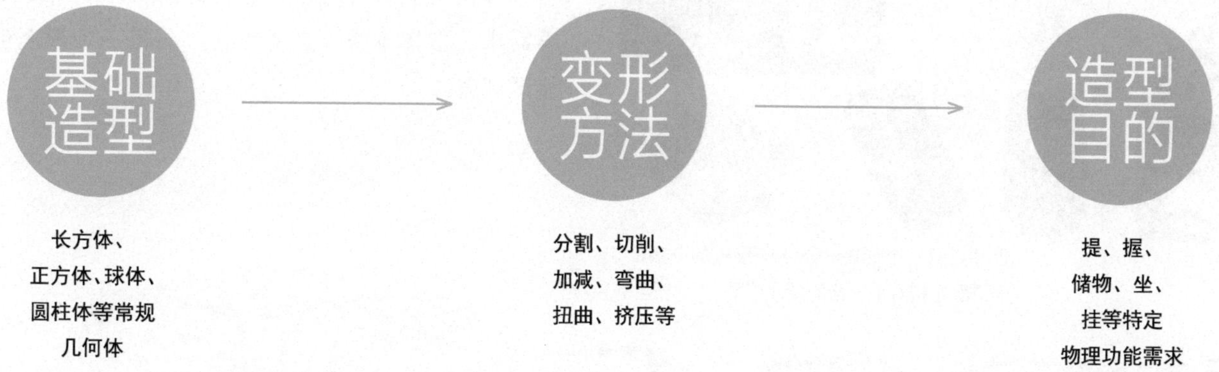

基础造型 → 变形方法 → 造型目的

基础造型

长方体、正方体、球体、圆柱体等常规几何体

变形方法

分割、切削、加减、弯曲、扭曲、挤压等

造型目的

提、握、储物、坐、挂等特定物理功能需求

2.1 如何丰富形态（变形方法）

当我们通过造型的方法创造出了一些初步的形态后，如果对这些形态还不太满意，可以对它再次进行改变，也就是变形。变——改变的意思，也就是对现有形态进行改变及优化，也是造型的一种手段。变形的方法大致可以概括为分割、切削、加减、弯曲、扭曲等。

2.1.1 分割

分割——对现有形态进行分割处理，赋予形态特定功能或美学需求，形体本身不发生变化，只是一个形态被划分出了几个功能区域而已。

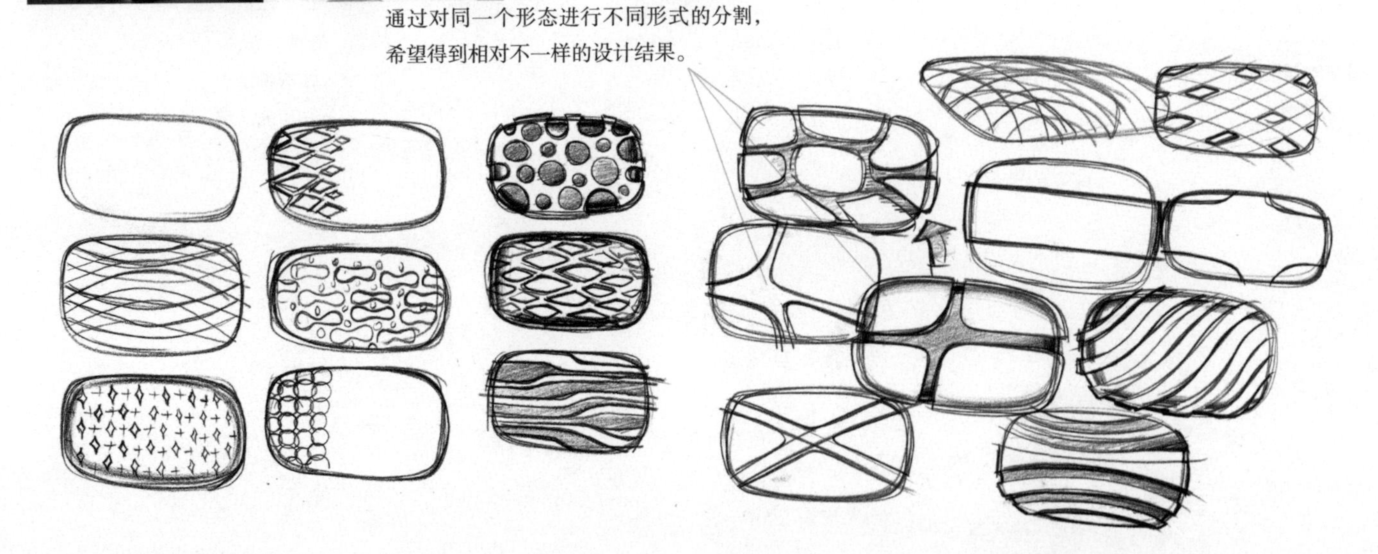

通过对同一个形态进行不同形式的分割，希望得到相对不一样的设计结果。

2.1.2 切削、加减

切削、加减——对现有形态进行切削和加减处理，对形态进行二次塑形，赋予形态特定功能或美学需求。

通过对同一个形态进行不同程度的切削，获得不同的形式，满足不同的功能及美学需求。

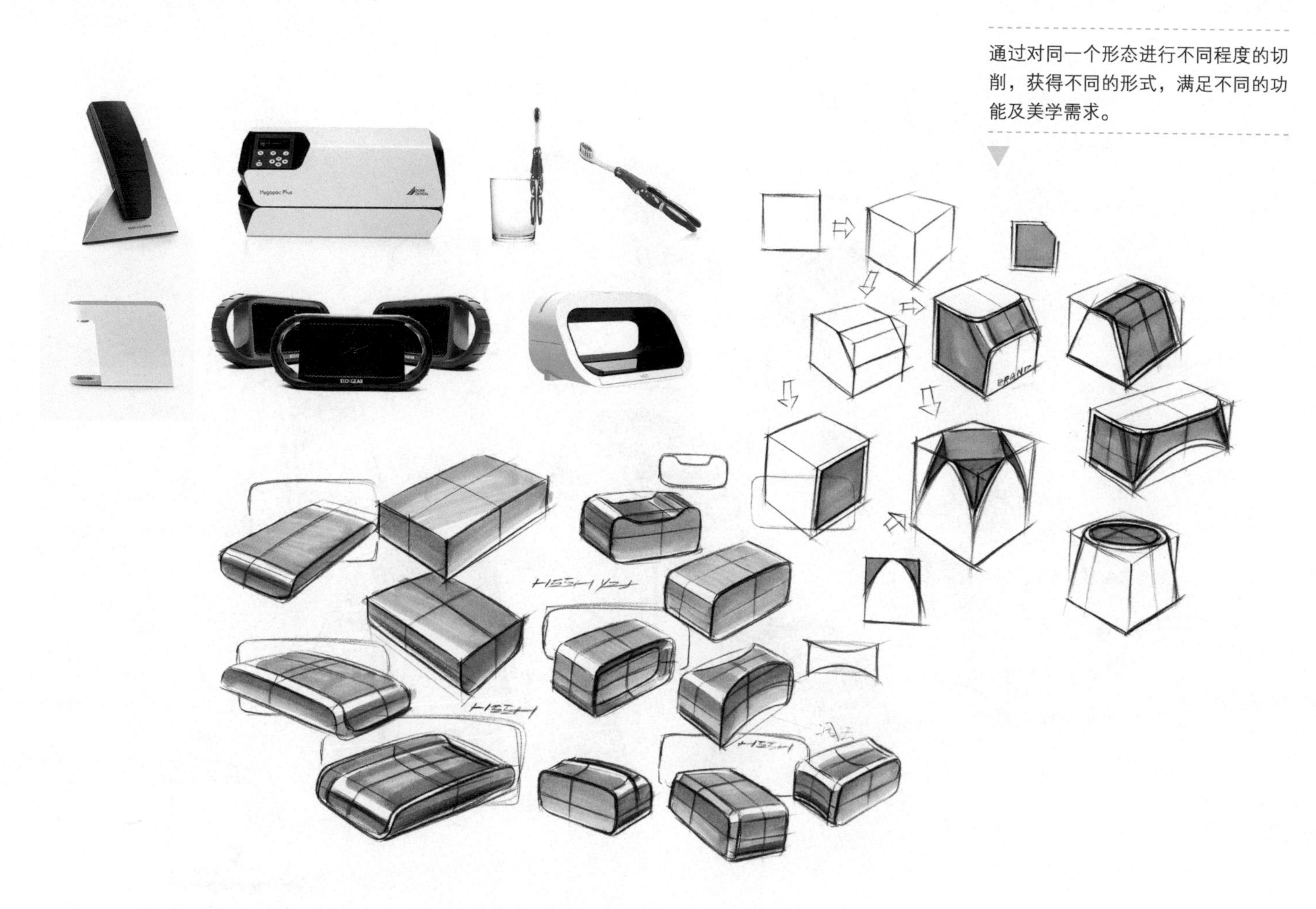

这是一台咖啡机的形态设计过程。一开始选择了基础形态长方体，根据咖啡机需具备的物理功能特性进行不同程度的切削、加减处理，从而得到几个不同形式的造型方案。

如下常见基本几何体的变形及形态拓展练习，能够提高读者的形态拓展能力。

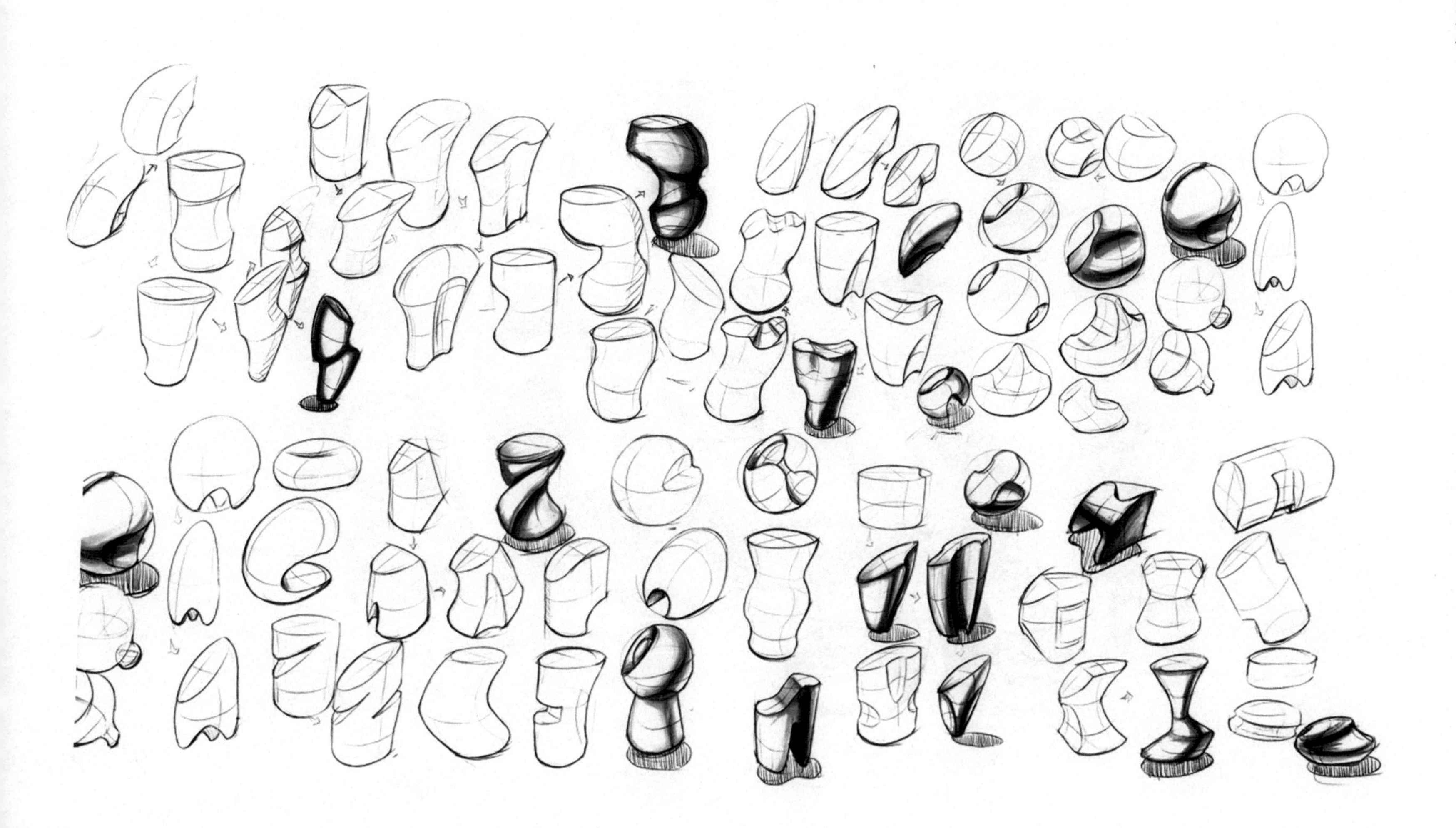

这也是一台咖啡机的形态设计过程，不同的是入口变了。为达成咖啡机的功能需求，这是根据一个类似椭圆柱进行切削、加减处理，而得出的几个不同造型方案。

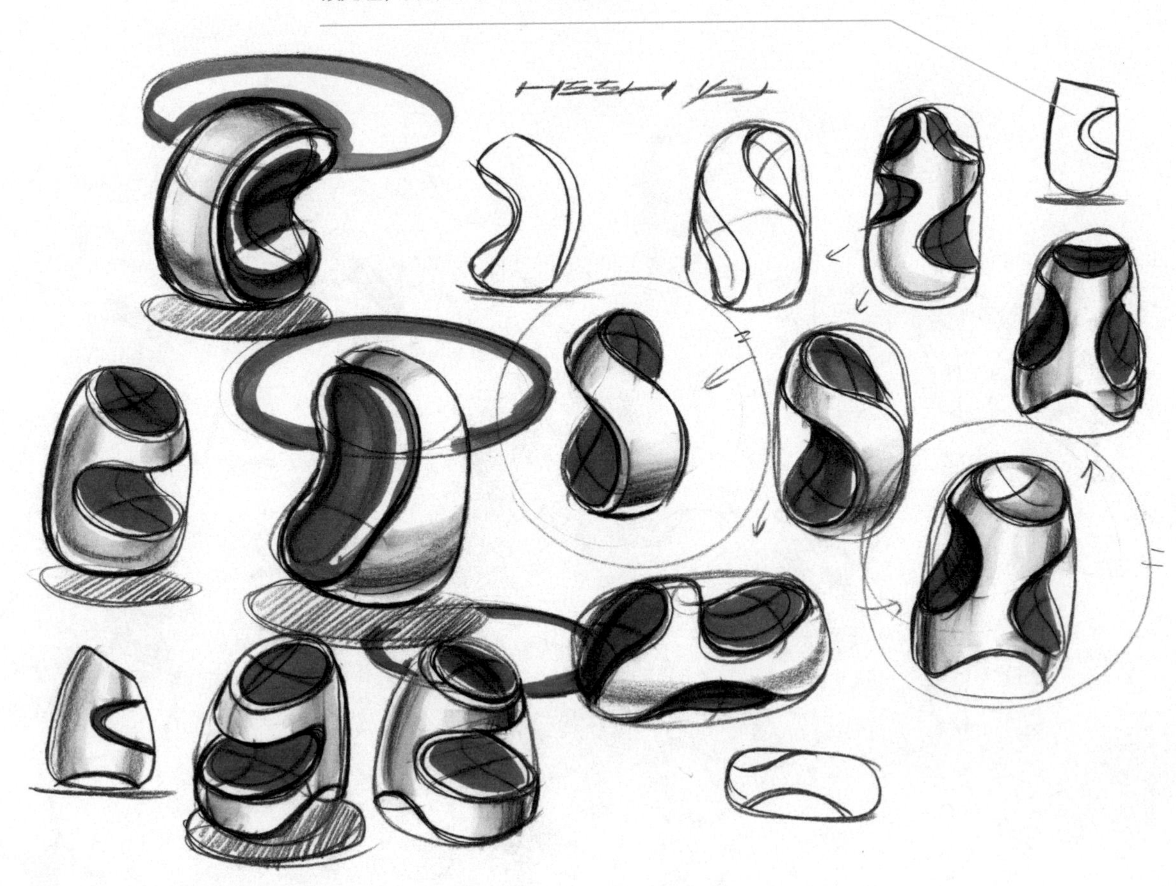

2.1.3 弯曲、扭曲

弯曲、扭曲——对现有形态进行弯曲、扭曲处理，对形态进行二次塑形，赋予形态特定功能，并满足美学需求。

这是一个遥控器的形态草图设计过程，首先考虑它的形态应该满足手持的基本功能要求，其次考虑使遥控器具备站立的属性，所以在这个基础形态上进行了局部的扭曲处理。

这是一个手持类产品形态的设计过程，入口选择的是一个圆柱体，对圆柱体进行不同程度的弯曲处理，先达成一个较好的握感，再对它进行不同拆件形式的处理，形成视觉上的差异化。

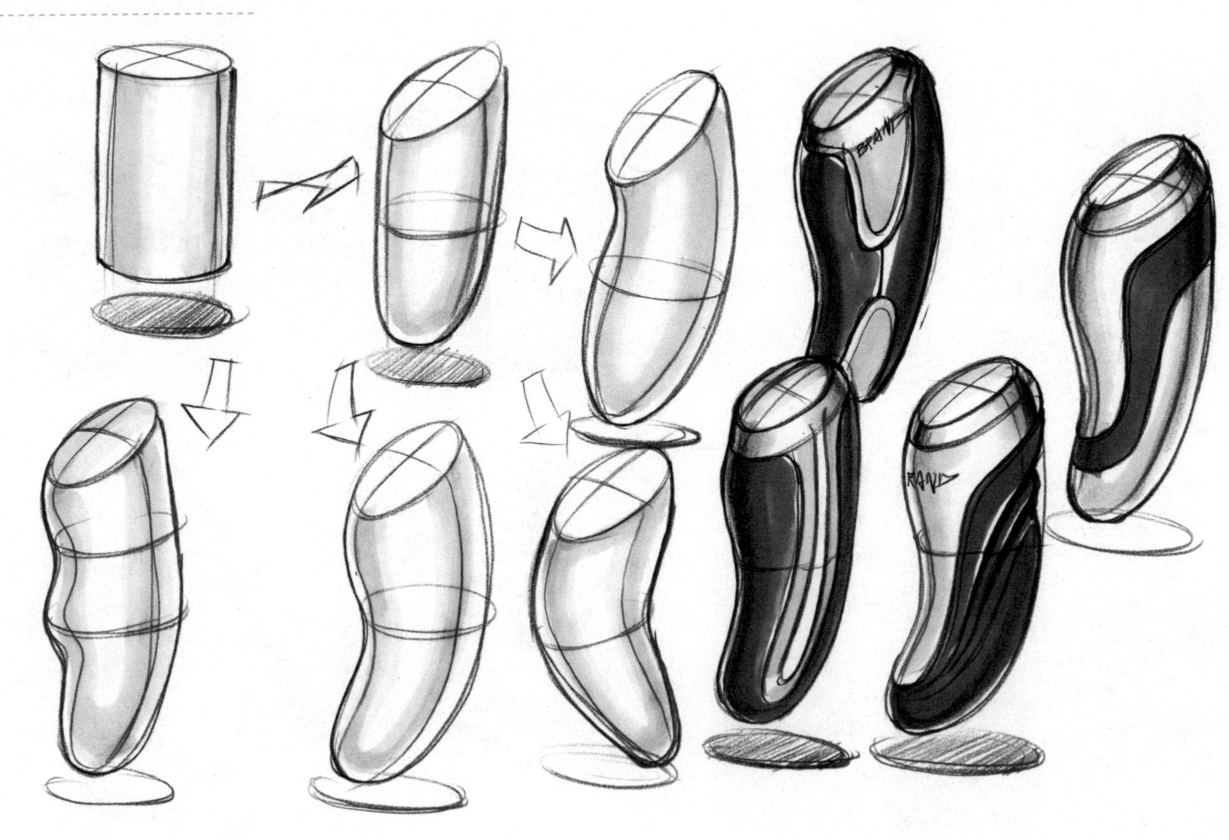

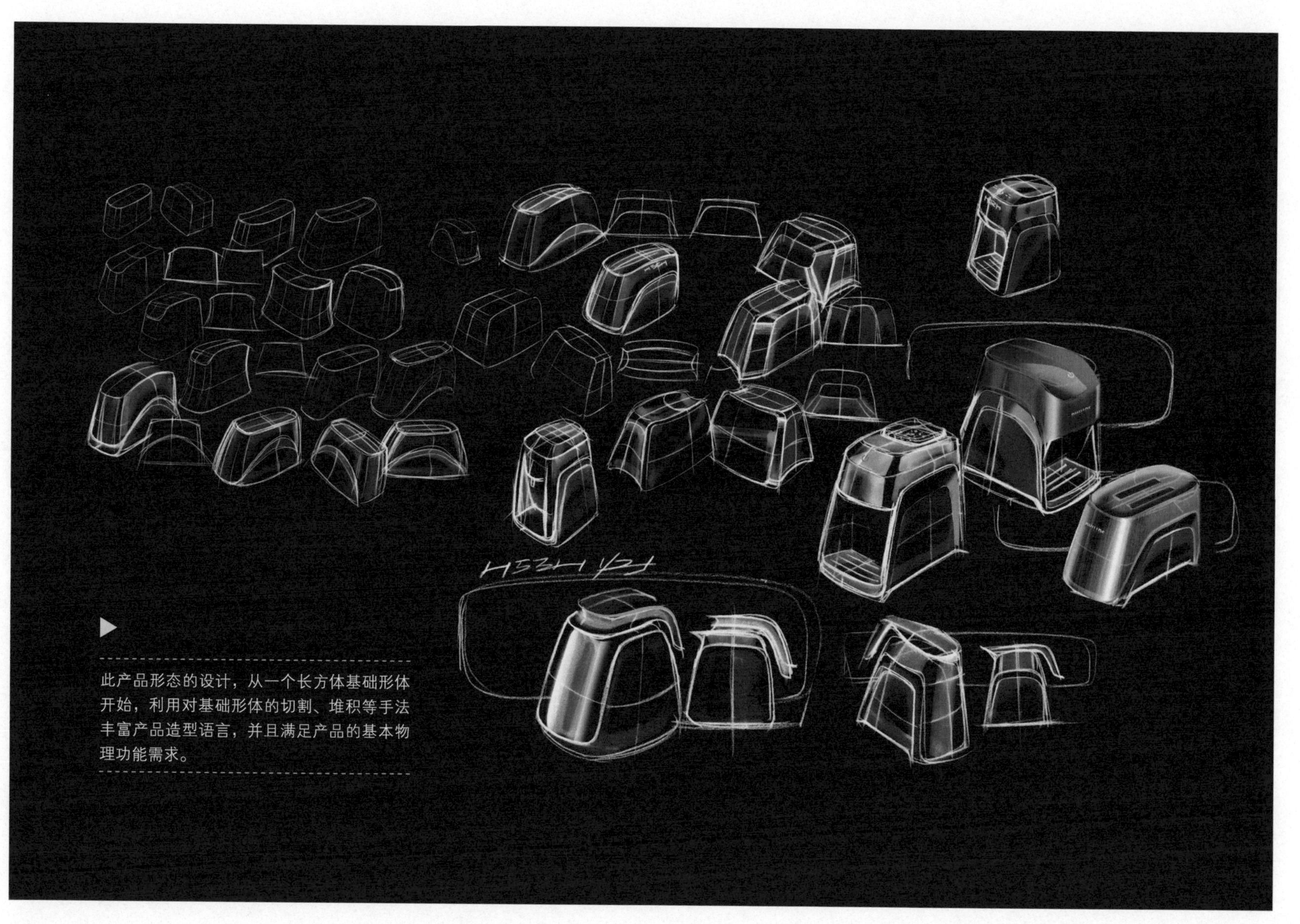

此产品形态的设计，从一个长方体基础形体开始，利用对基础形体的切割、堆积等手法丰富产品造型语言，并且满足产品的基本物理功能需求。

在一个基本形态上，运用分割、切削、加减、弯曲、扭曲等变形手段，结合产品功能对形态进行设计推敲的过程如下。

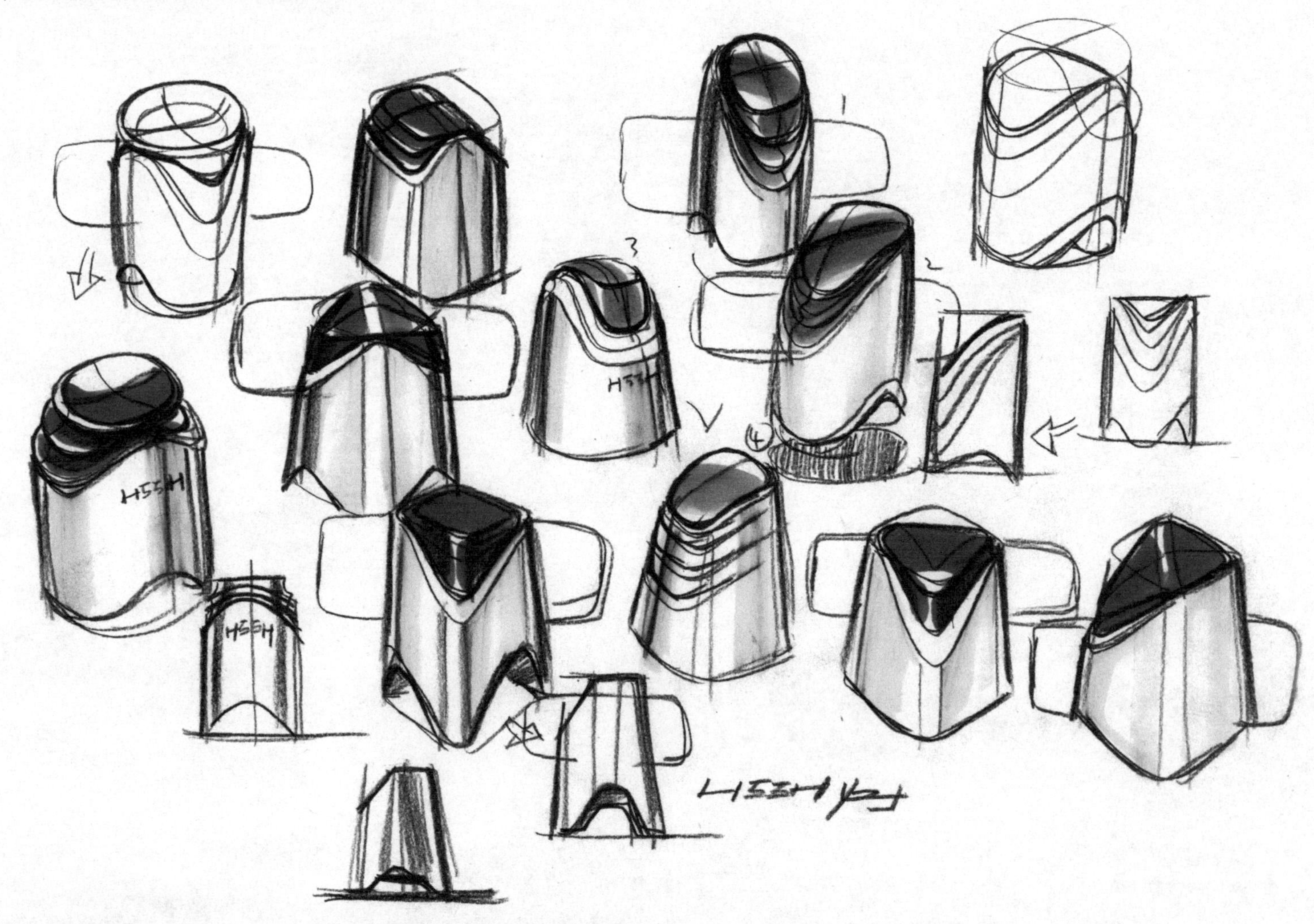

如下针对圆柱体、球体的形态拓展练习，能够提高读者的形态拓展能力。

此产品形态的设计，从一个圆柱状基准体开始，通过对基准体的切割、造型的重复等手法丰富产品造型语言，并满足产品基本的物理功能需求。

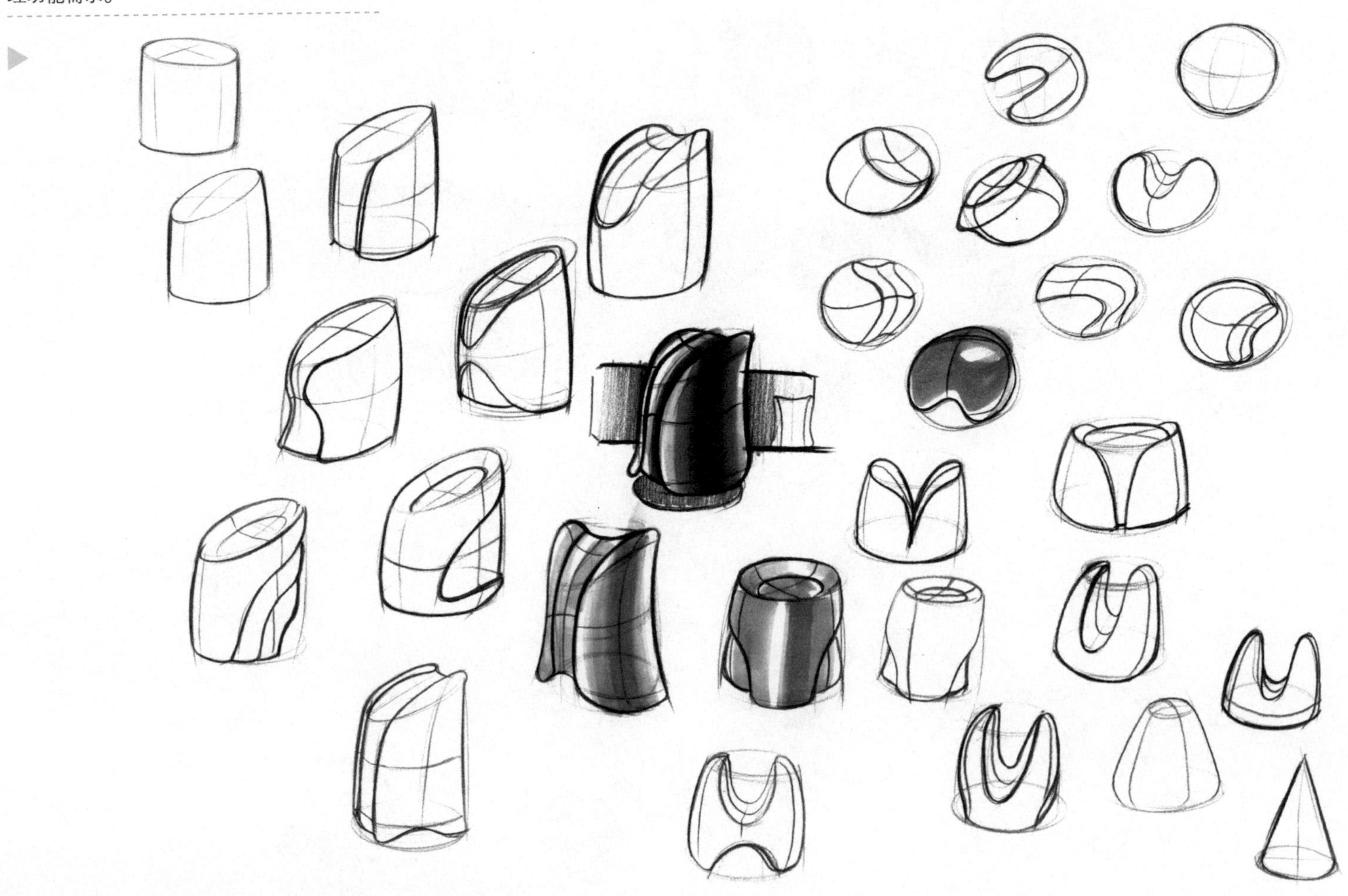

2.1.4 从几何体开始

现今产品造型越来越趋向于简洁化，那么用一些简单的形态来设计，要做到差异化，又有新鲜感，就很考验设计师的表现力，需要运用变形的方法把常见的基本几何体变得不一样。在变形和推导形态的过程中，同样要考虑产品的功能需求及生产工艺的要求。

基本几何体的变形拓展训练

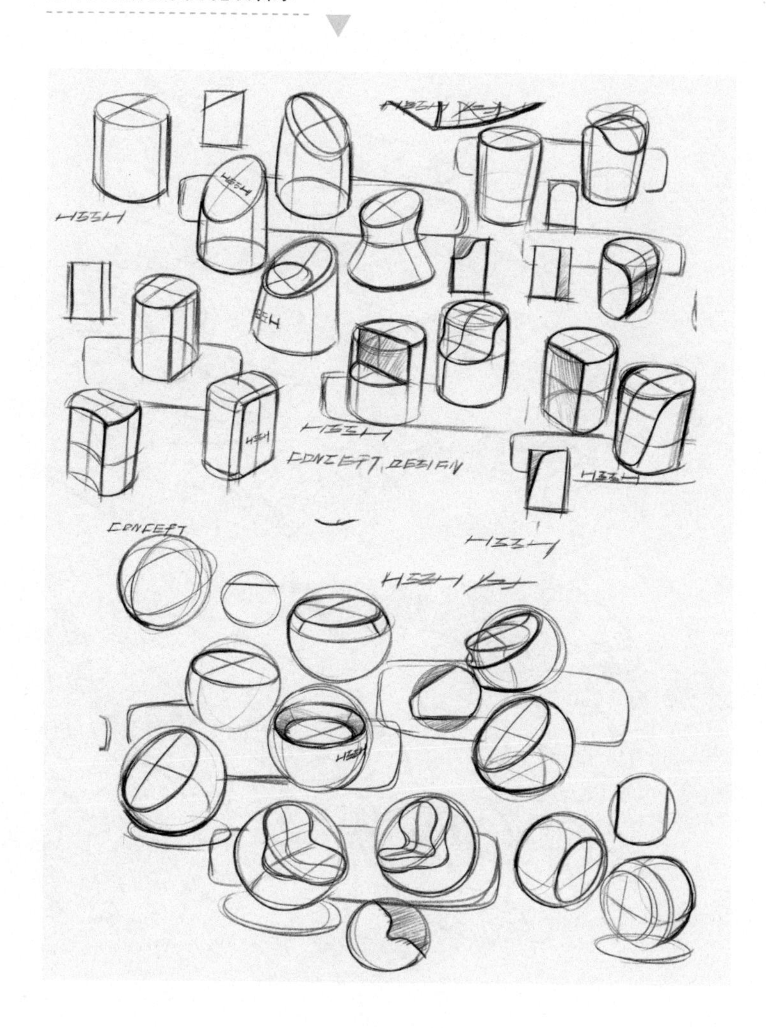

如下常见基础几何体变形及形态拓展练习，能够提高读者的形态拓展能力。

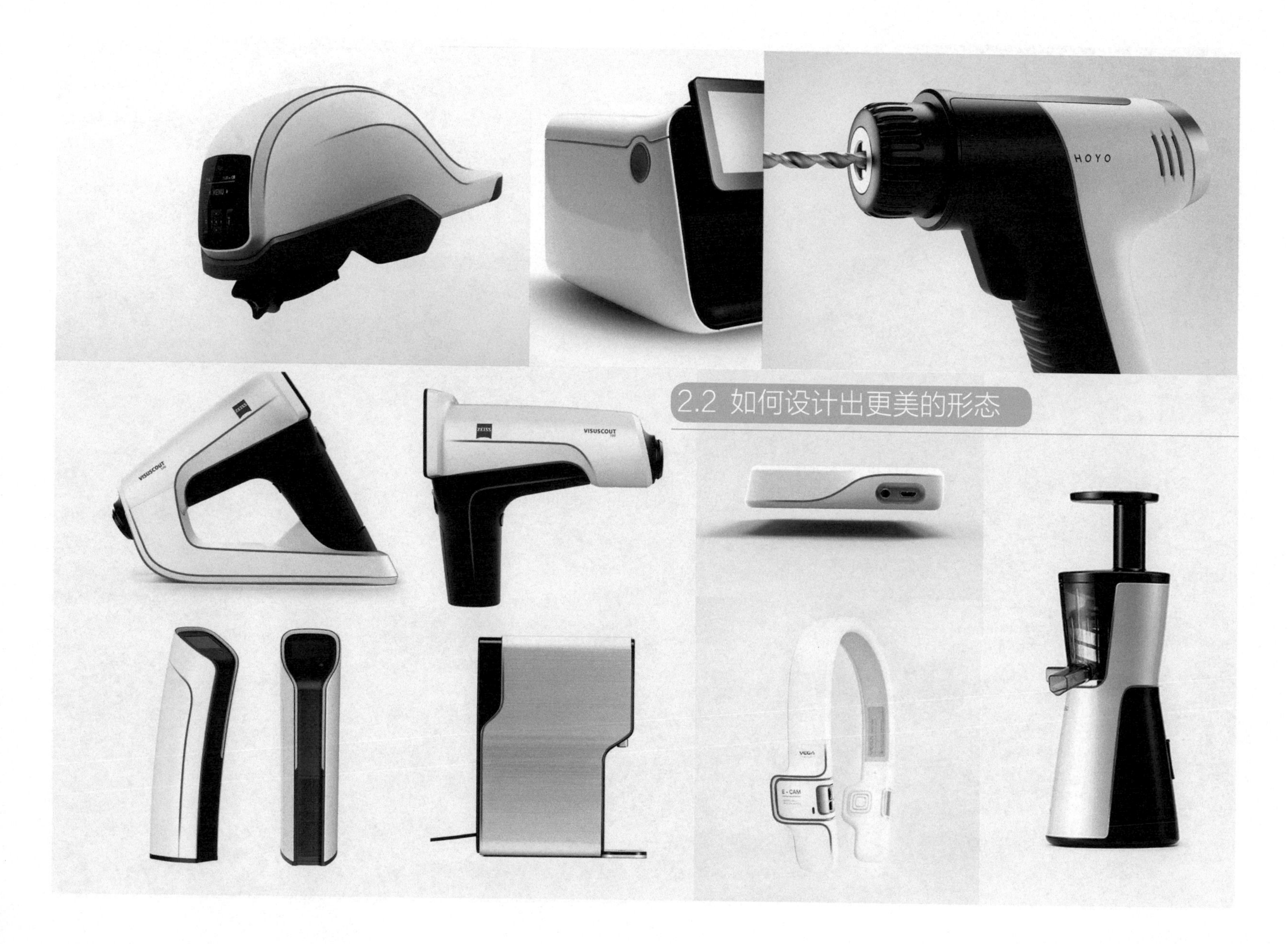

2.2 如何设计出更美的形态

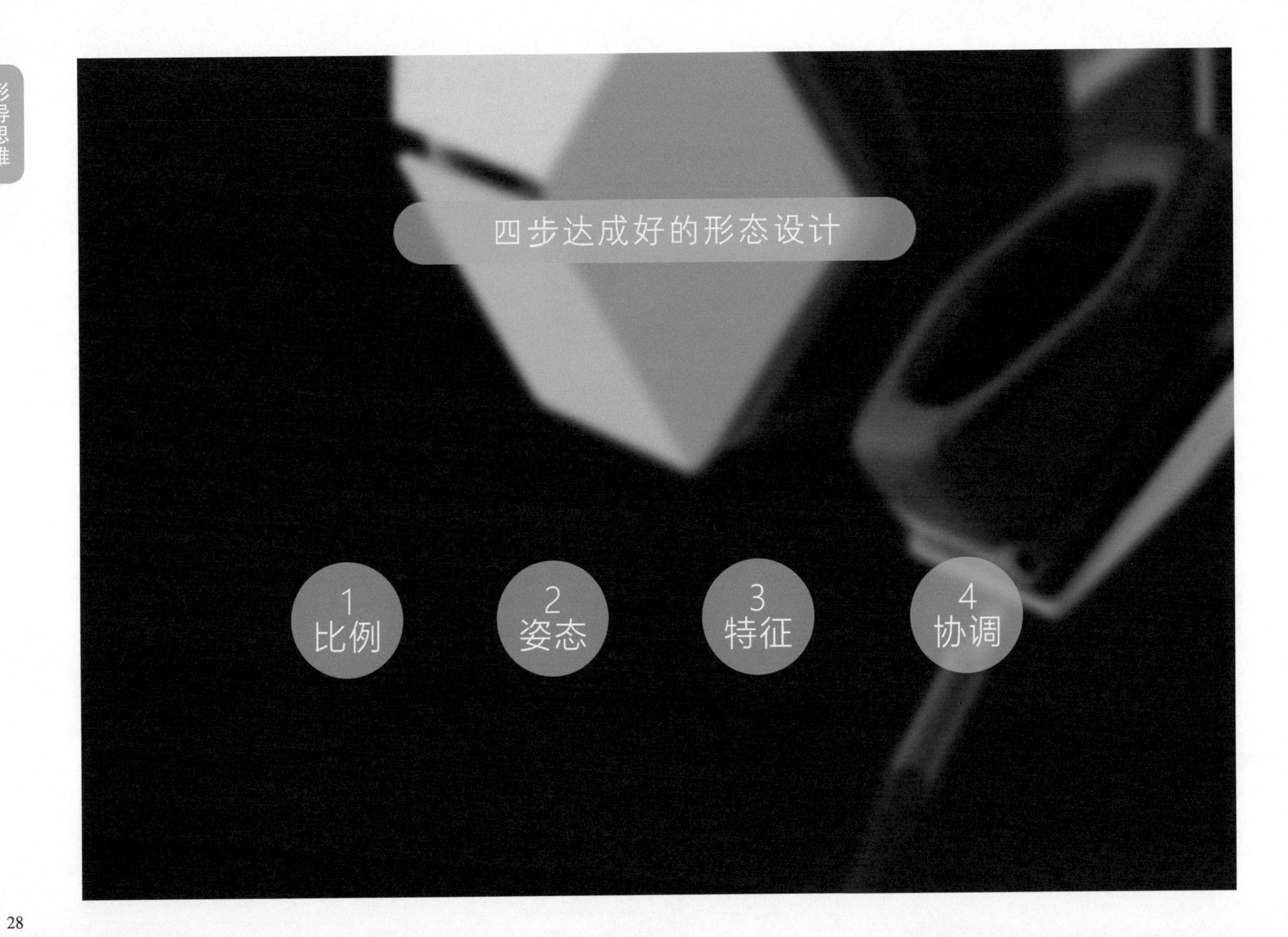
四步达成好的形态设计
1
比例
2
姿态
3
特征
4
协调

2.2.1 比例

造型的第 1 步应该是确定大体的比例，把控好比例，能得到意想不到的舒适感，所以在设计形态的时候应当多去调整比例。

修改前

修改后

如上图：前进气格栅在原有比例上进行缩小处理，整体略显小气。

修改后

如上图：前进气格栅及大灯进行压扁处理，前脸整体视觉上宽一些，细长的前脸使之前的攻击感略有改善。

2.2.2 姿态

确定了大体比例后，第 2 步就要确定产品整体姿态的呈现，这也很重要。产品相当于人，有独特的姿态方能凸显出优雅独特的气质，如左上图所示：图 1 为正常姿态，显得产品很端庄，规矩；图 2 姿态稍后倾，打破原有的四平八稳的端庄，这种不平衡感往往会给人惊讶、疑惑的感觉；图 3 姿态稍显妖娆，给人以俏皮、活泼的感觉。

2.2.3 特征

在设计产品形态或造型的时候，每个人都想设计出独一无二的形态或造型，但却难以实现。巧妙的做法是将简单的元素重复使用或出现，产生一定的韵律感或节奏，控制韵律或节奏就能产生显著的特点。

2.2.4 协调

协调是形态设计的基本要求之一，造型和造型之间、元素和元素之间、元素和造型之间都要求协调，才能够保证最终的设计结果不会太奇怪。使形态之间协调的方法为统一的趋势、元素的重复。

1. 统一的趋势

无论产品形态、元素或造型多么复杂，只要同一维度或方向特征线的走势相同，就能形成一定的协调趋势，以此达到协调的目的。

2. 元素的重复

同一元素重复出现，能增加整体的协调性，强化其视觉特征；但在元素重复的同时应稍微有点变化，而不是简单地重复出现。

基本元素构成

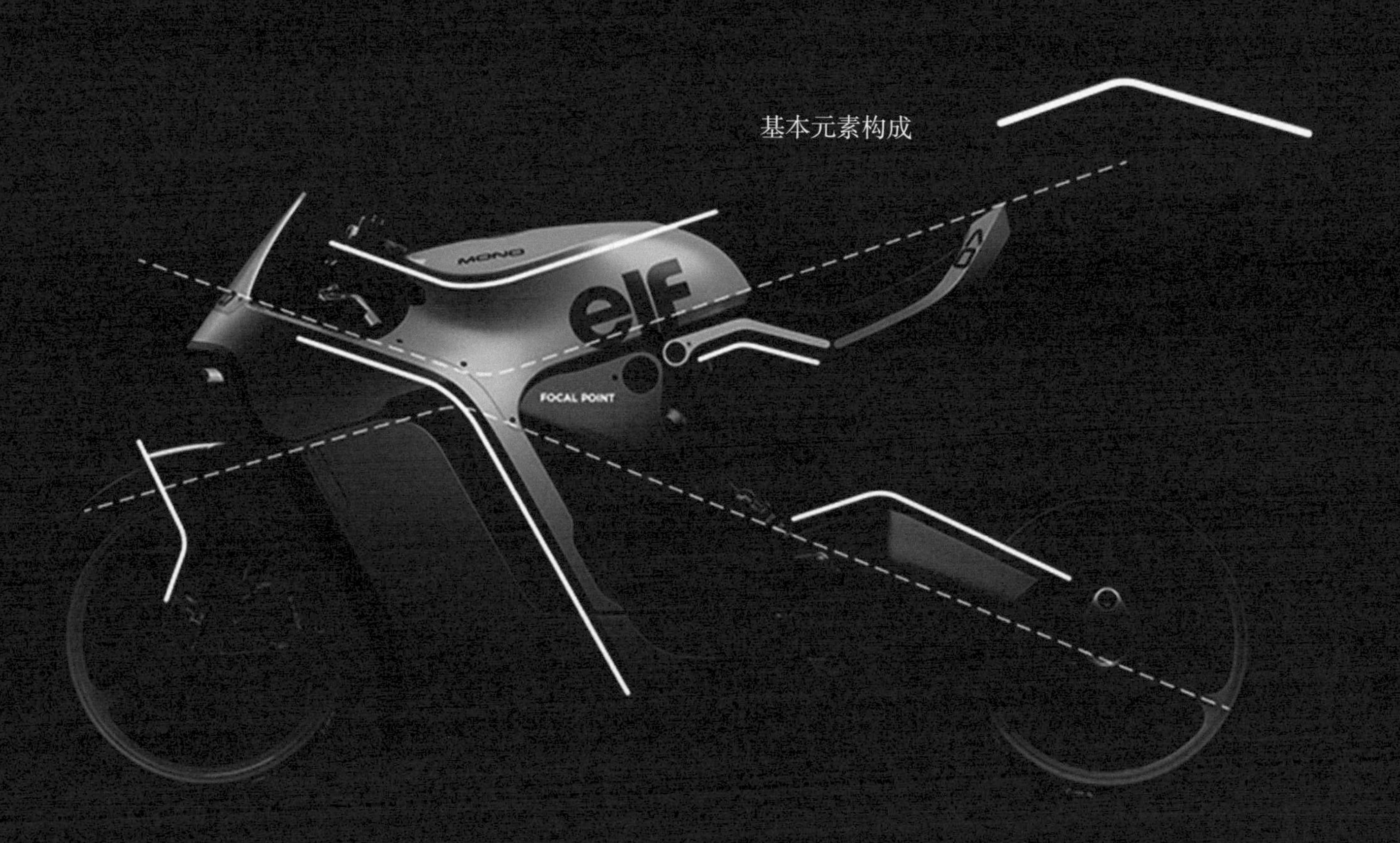

3. 元素重复运用案例
LG
产品形态特征均衡统一

在草图推敲阶段，要尽可能把每根线条及元素放在一个系统中考虑，如下图所示，图 1 中各线条的走势都相同，形成了一定的节奏感，并通过局部线条的重复形成了一定的特征；图 2 在图 1 的基础上进行整体比例及细节上的调整，整体姿态有明显区别。

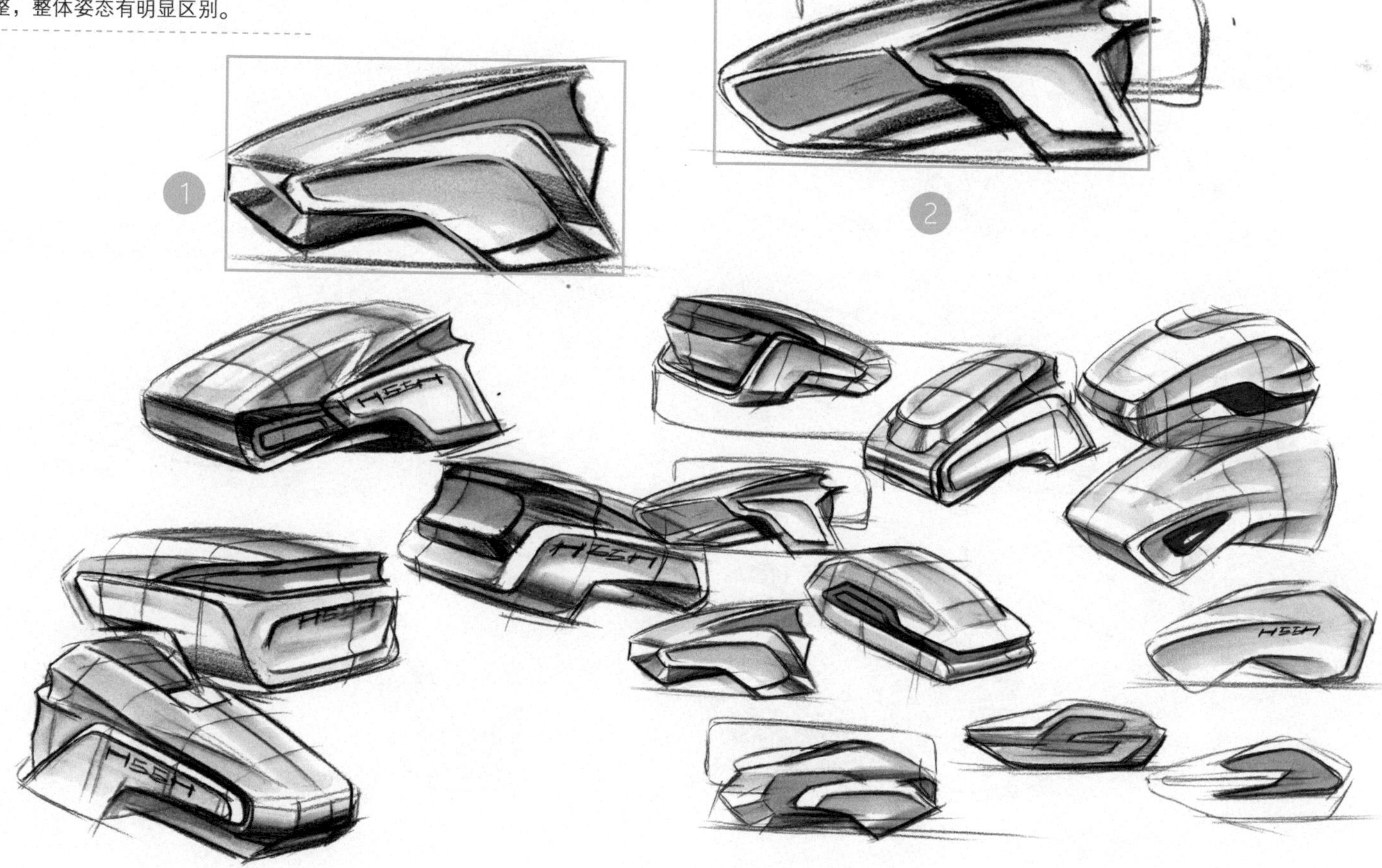

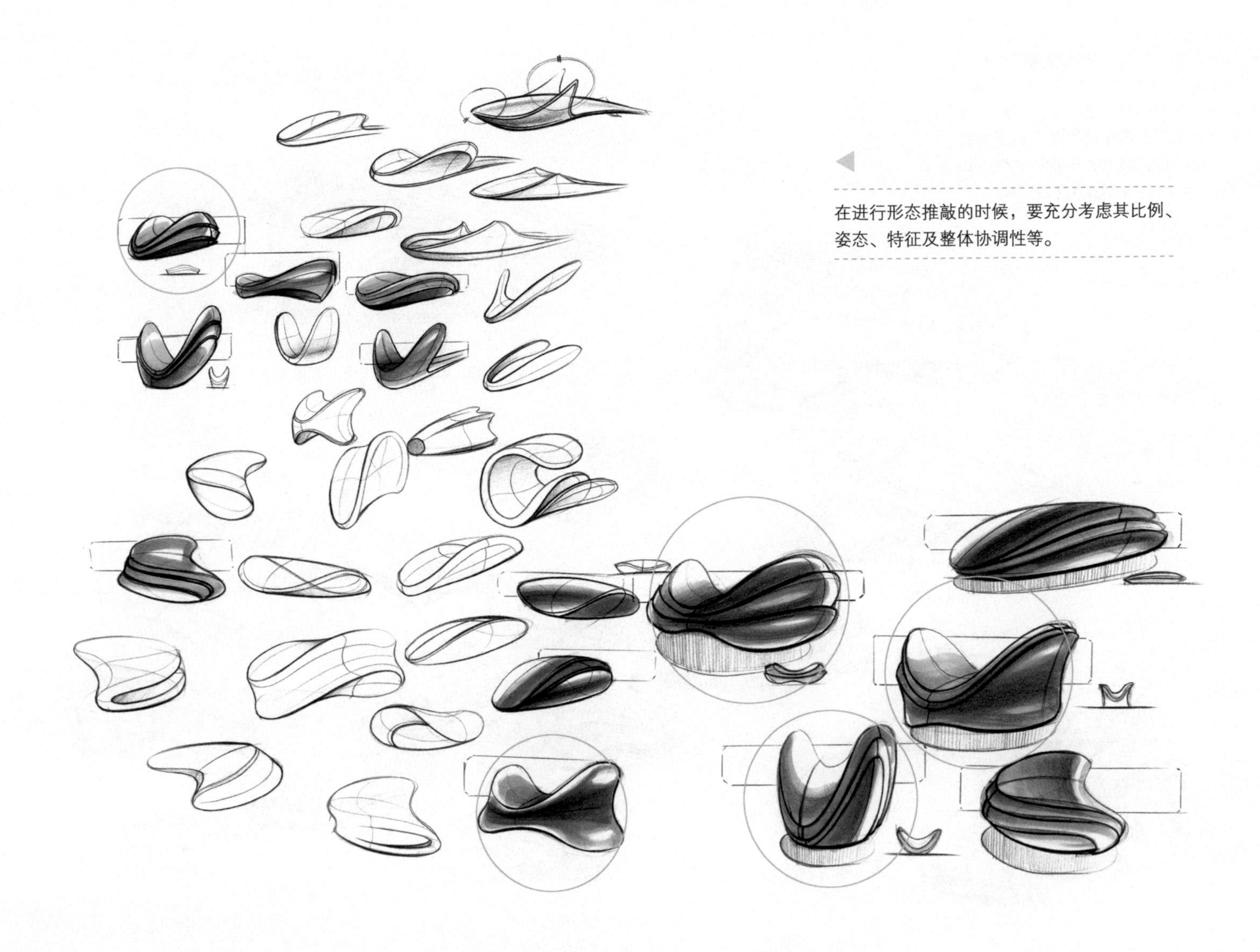

在进行形态推敲的时候，要充分考虑其比例、姿态、特征及整体协调性等。

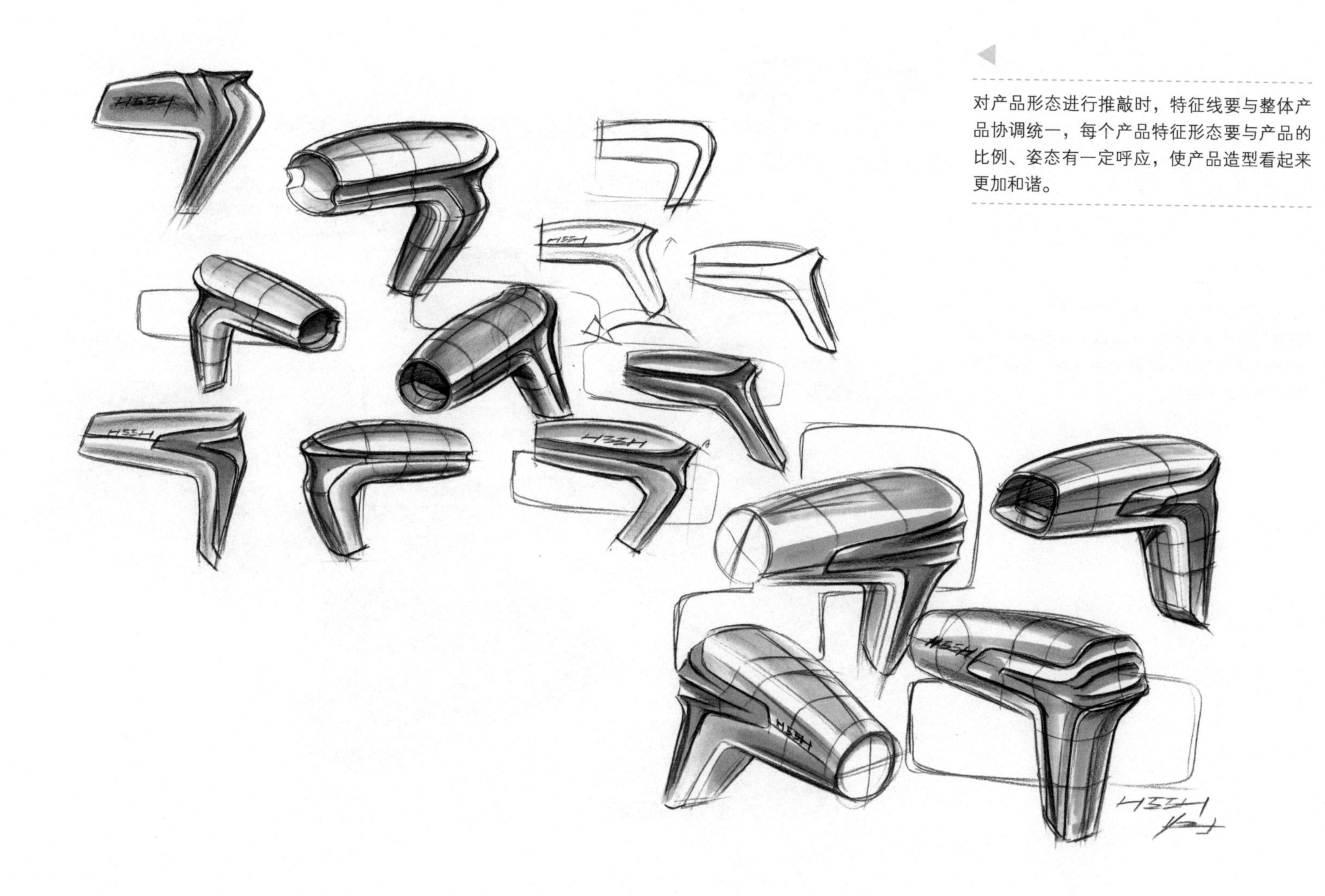

对产品形态进行推敲时，特征线要与整体产品协调统一，每个产品特征形态要与产品的比例、姿态有一定呼应，使产品造型看起来更加和谐。

在进行形态推敲时，造型之间应该是非常协调的，而非针锋相对。所以设计形态其实是充分处理各个造型元素之间的矛盾关系，使其达到充分的平衡。

推敲产品的过程中，要注意把握好形态比例的协调感，不要过度推敲。

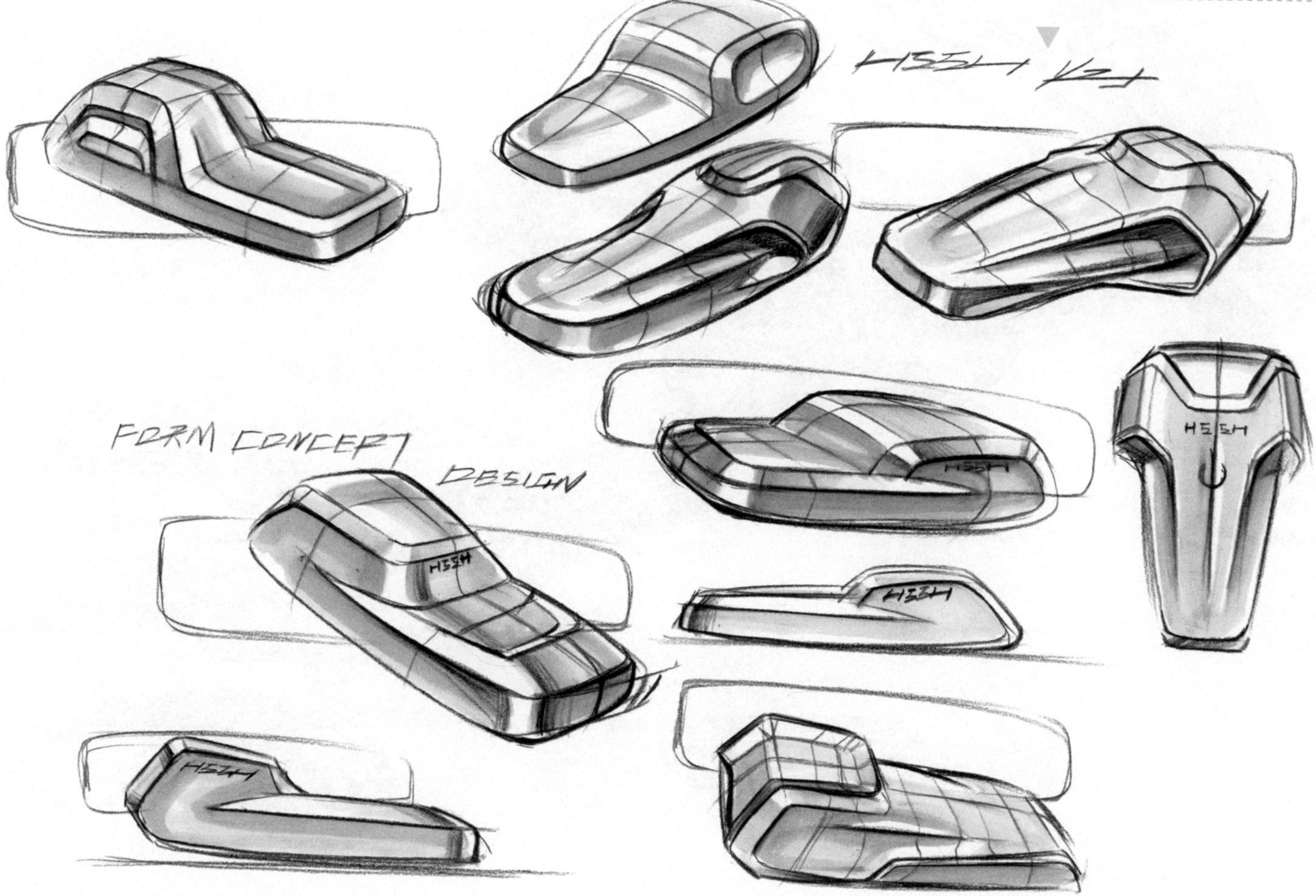

在造型推敲中，要注意造型的整体特征和局部之间的关联性，以及产品最后要与功能相互协调。

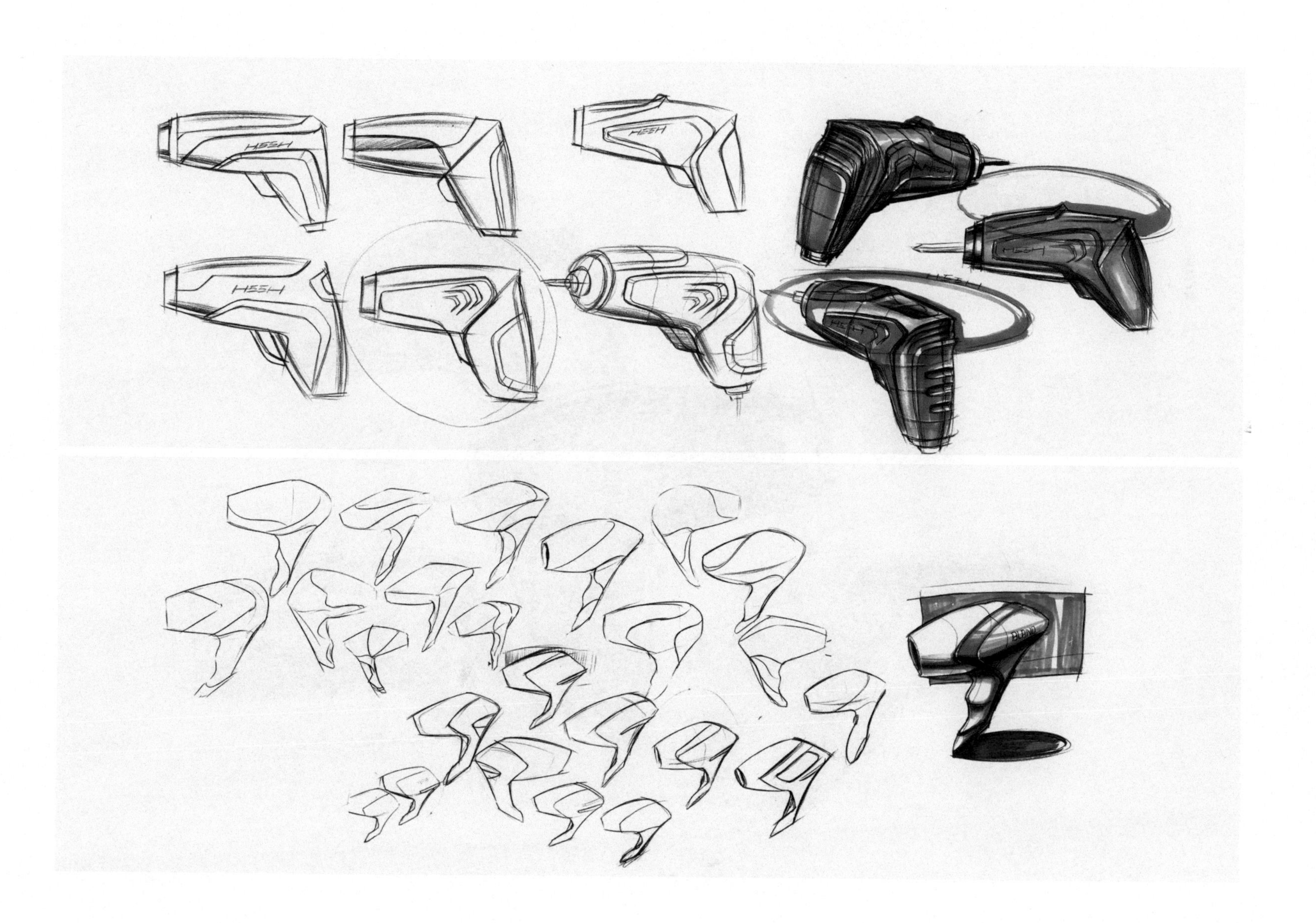

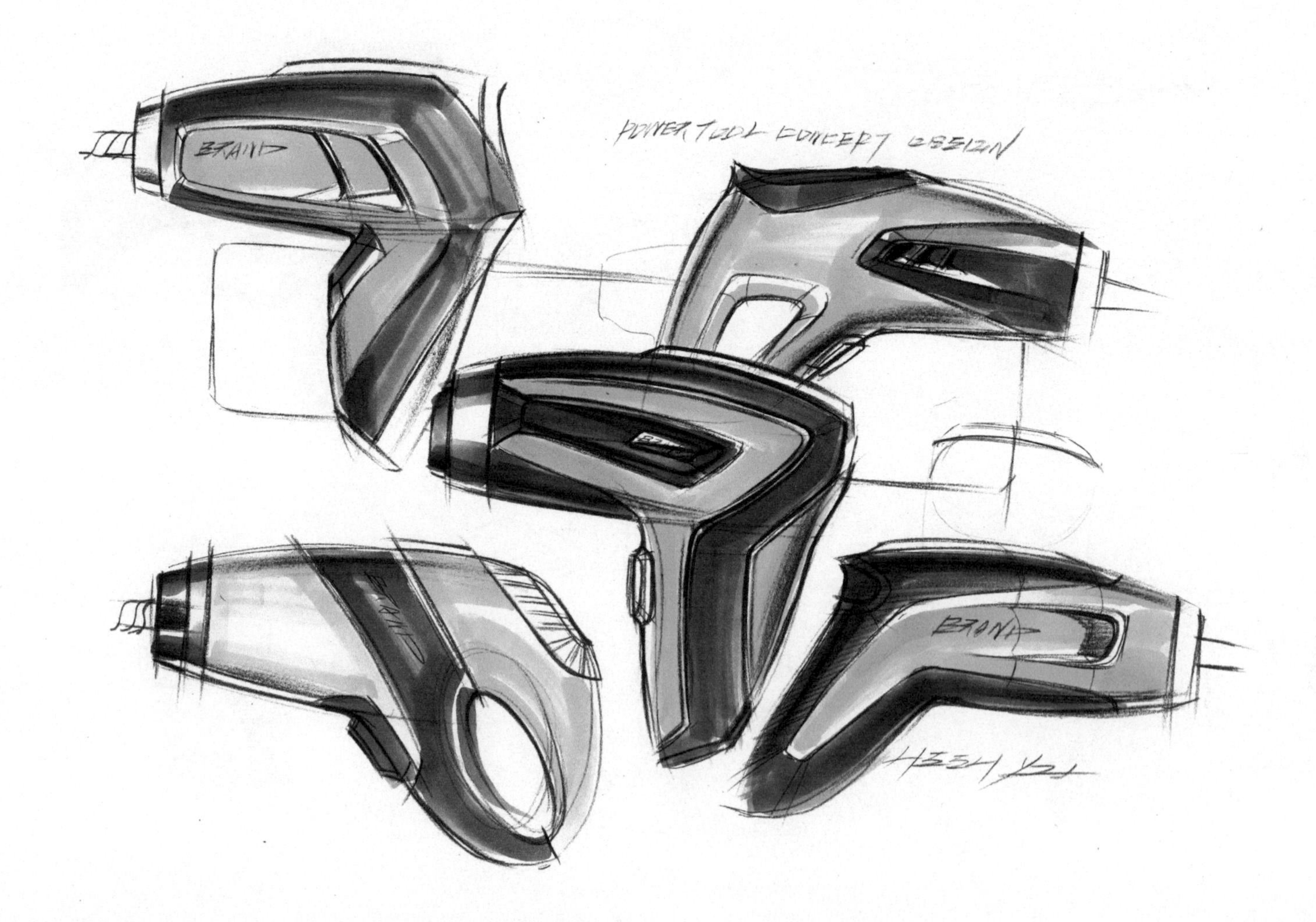
POWER TOOL CONCEPT DESIGN
BRAND
BRAND
BRAND

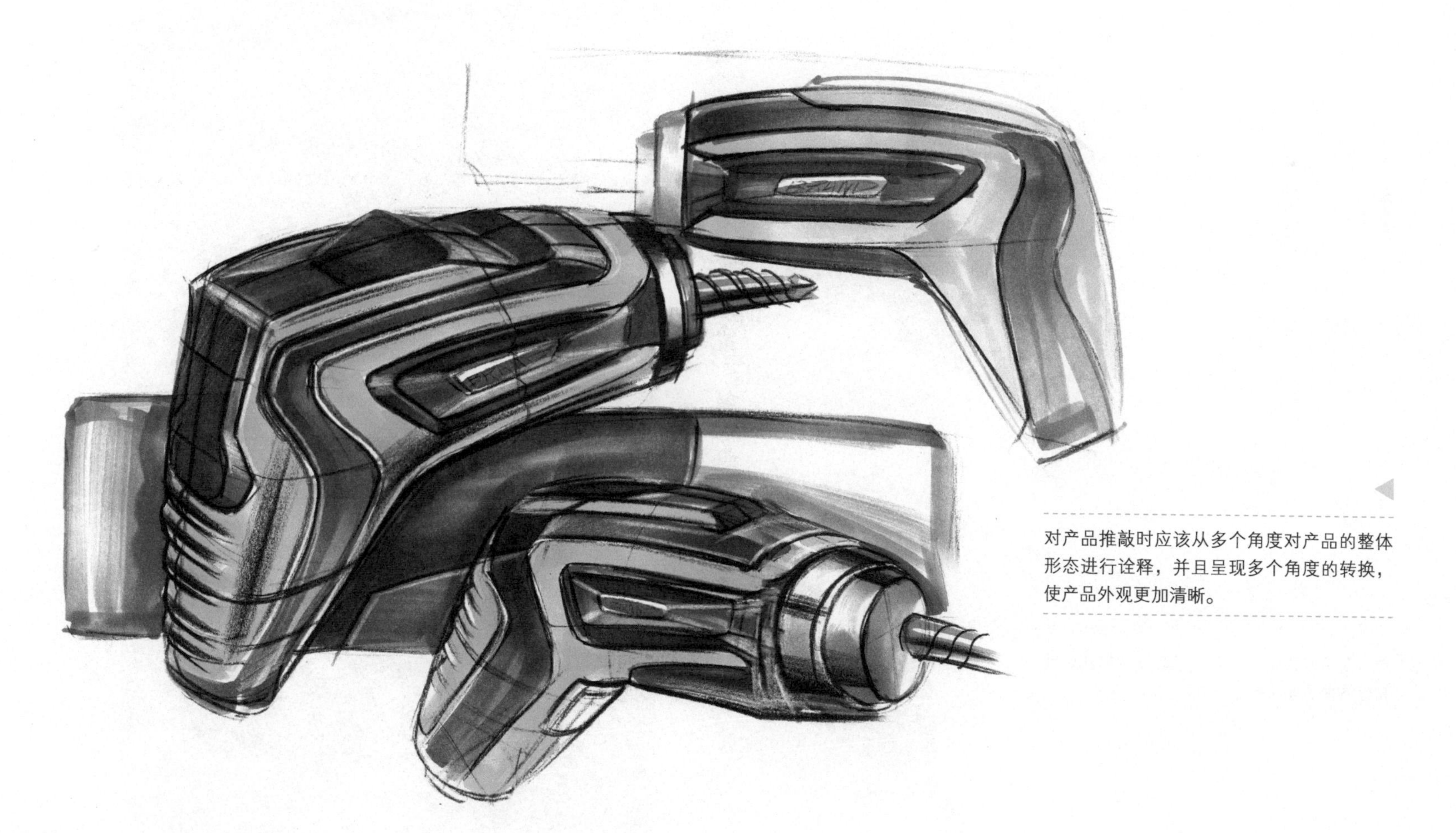

对产品推敲时应该从多个角度对产品的整体形态进行诠释，并且呈现多个角度的转换，使产品外观更加清晰。

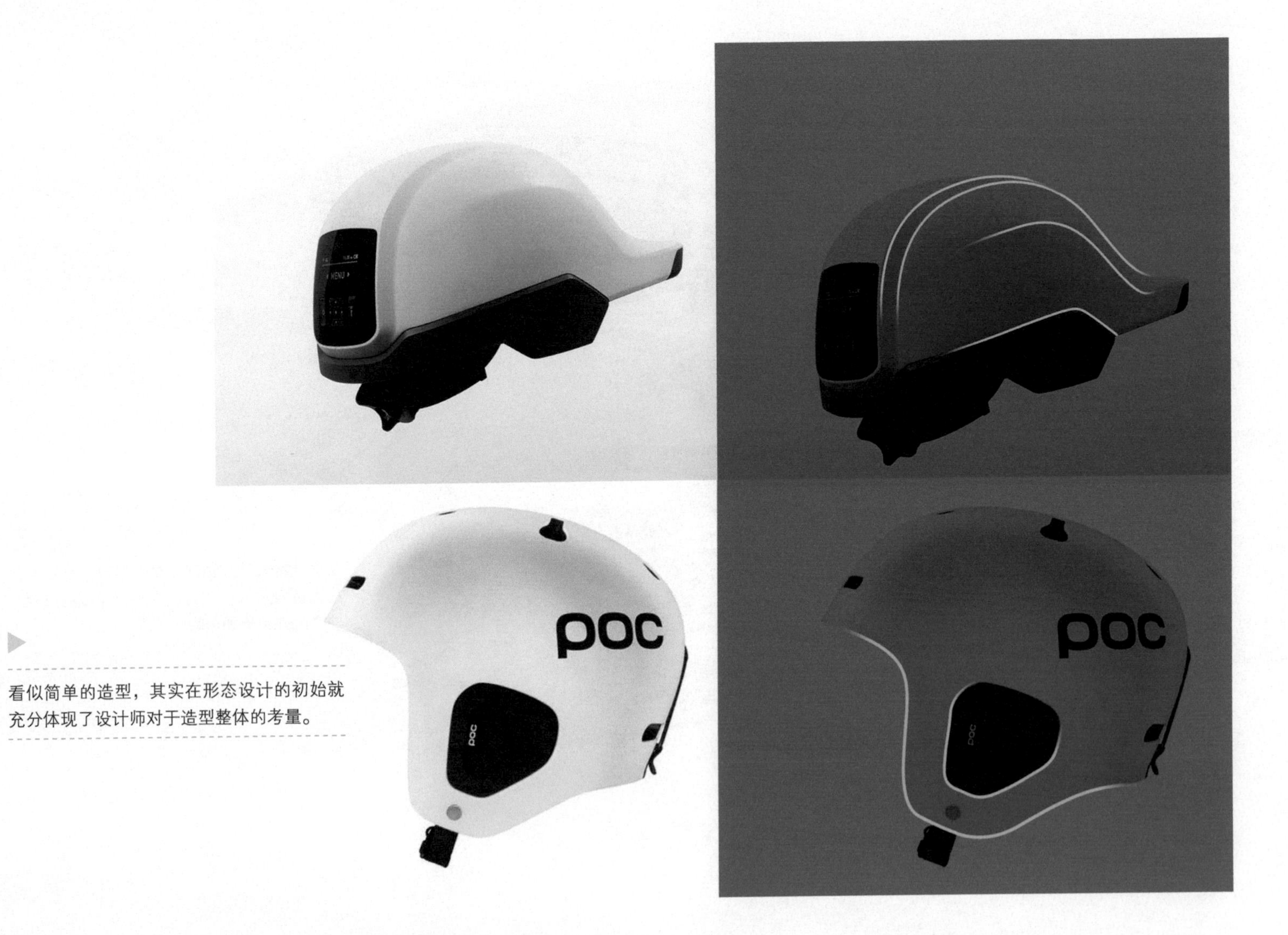

看似简单的造型，其实在形态设计的初始就充分体现了设计师对于造型整体的考量。

产品的特征线之间都有一定的互动性，与产品的整体形态相互协调。

产品的特征线和整体造型的趋势保持一致的方向，可增加产品造型的节奏感。

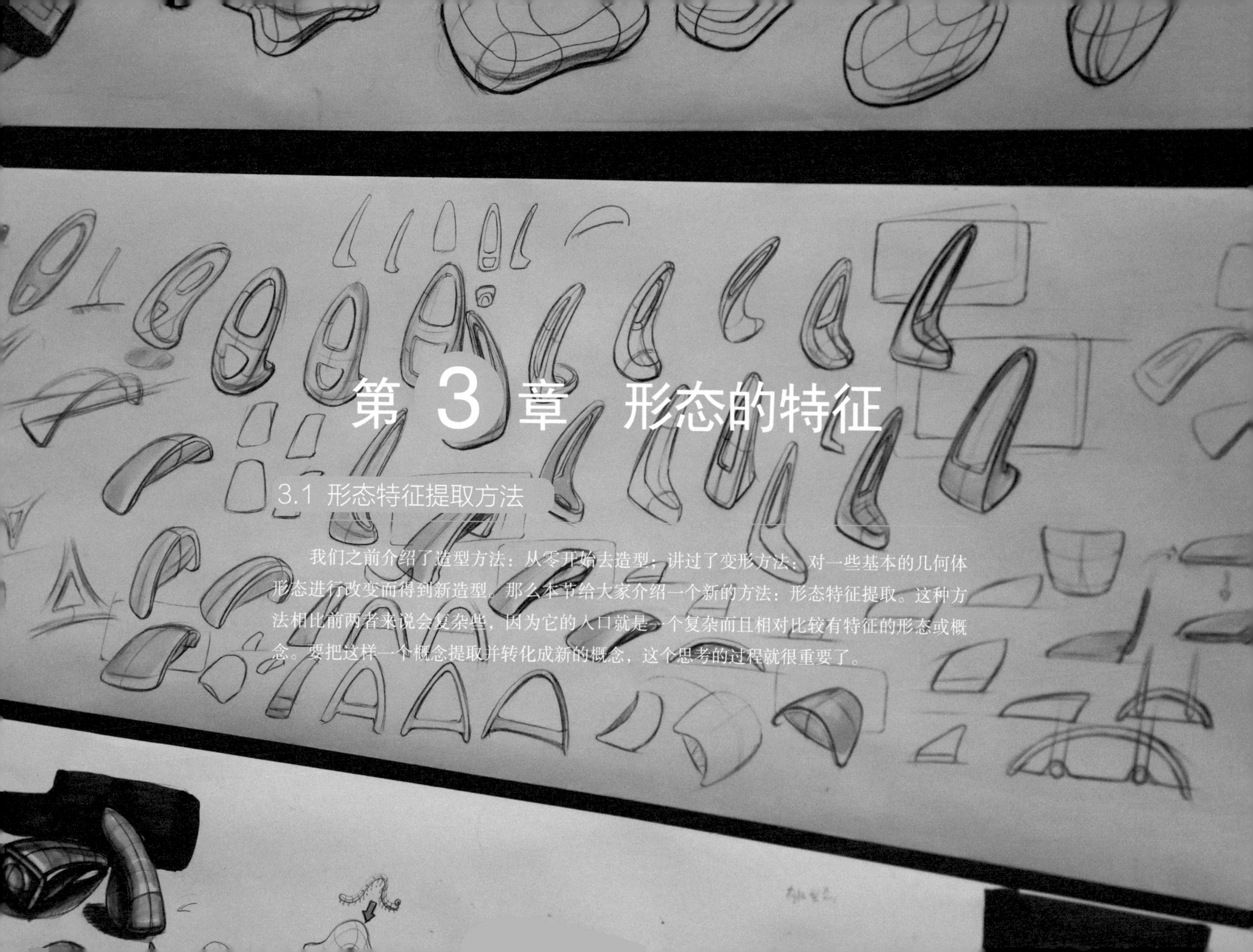

第 3 章 形态的特征

3.1 形态特征提取方法

我们之前介绍了造型方法：从零开始去造型；讲过了变形方法：对一些基本的几何体形态进行改变而得到新造型。那么本节给大家介绍一个新的方法：形态特征提取。这种方法相比前两者来说会复杂些，因为它的入口就是一个复杂而且相对比较有特征的形态或概念。要把这样一个概念提取并转化成新的概念，这个思考的过程就很重要了。

素材

设计元素、
设计意向图，
可以是具象图片、文字，
也可以是抽象影视作品等

认知

根据设计素材概括出
相应的关键词，
如形态特征、色彩语言、
材料工艺特性等特征点

重塑

运用造型方法、变形方法、
形式美学法则，对提取的
特征进行重塑，使其符合
相应的设计要求

造型目的

提、握、储物、坐、挂
等特定物理功能需求

形态、色彩、肌理、材质、
工艺等方面的美学需求

3.2 形态特征的提取与推敲

3.2.1 空气净化器形态特征的提取与推敲

首先通过对特征形态的镜像复制一个曲面，形成一个相对闭合的空间，基本可以满足净化器的结构空间需求。在此基础上对形态局部细节进行比例调整，做不同方案、多方向的探索及验证，这个过程很重要。

通过写生去了解形态的本质特征。

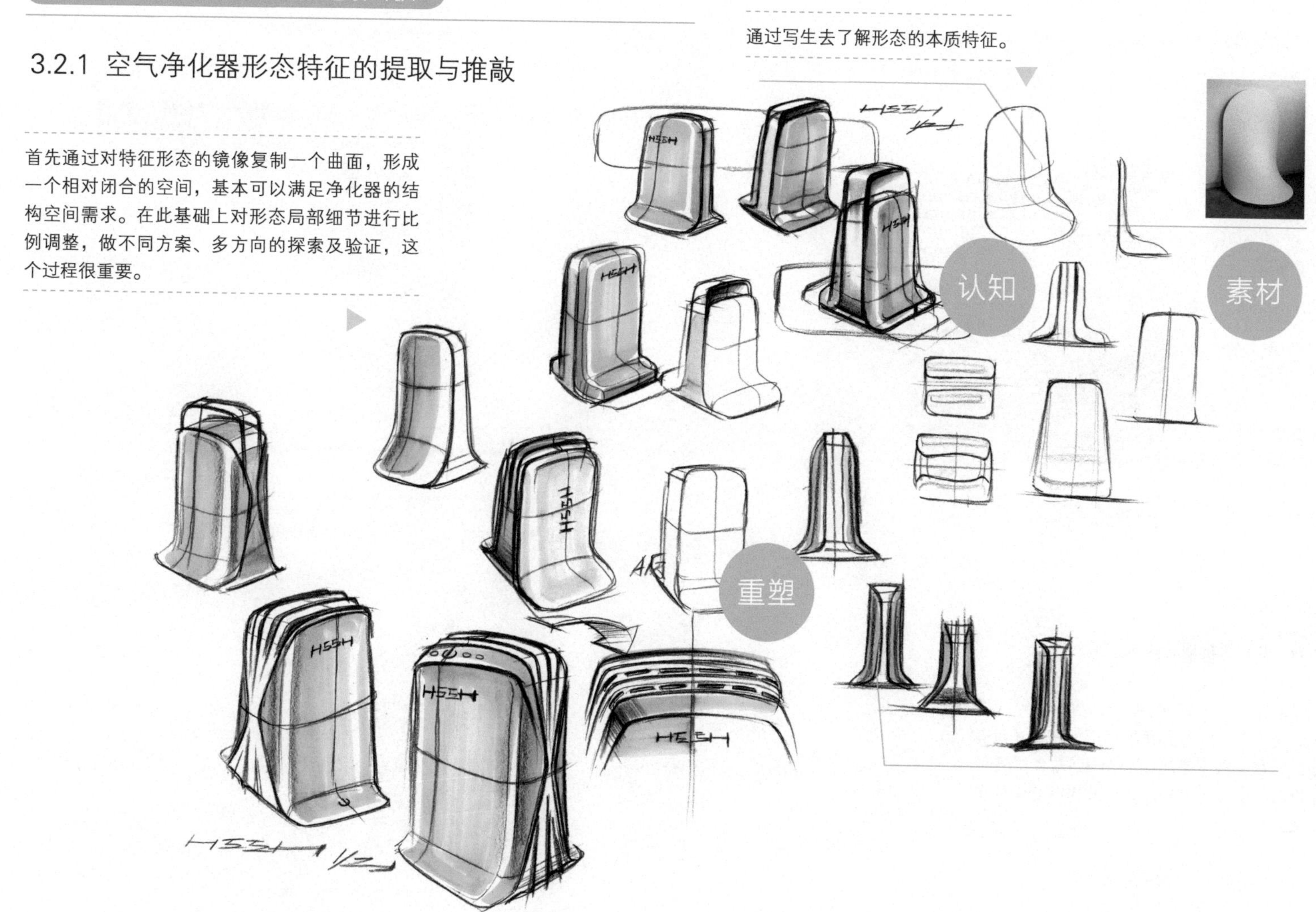

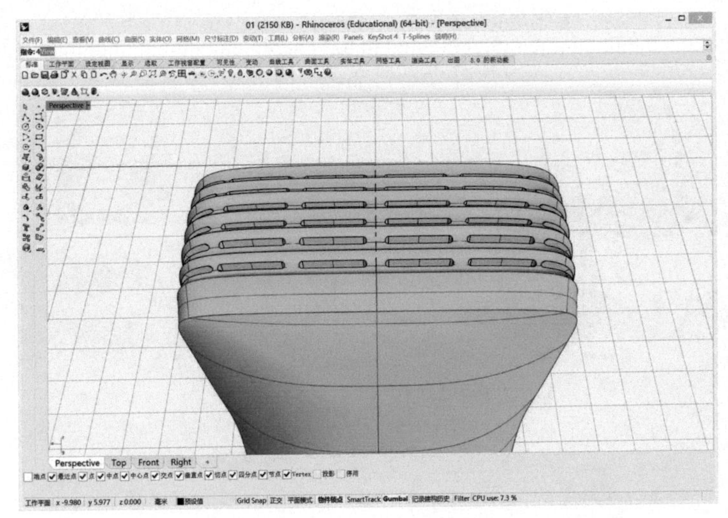

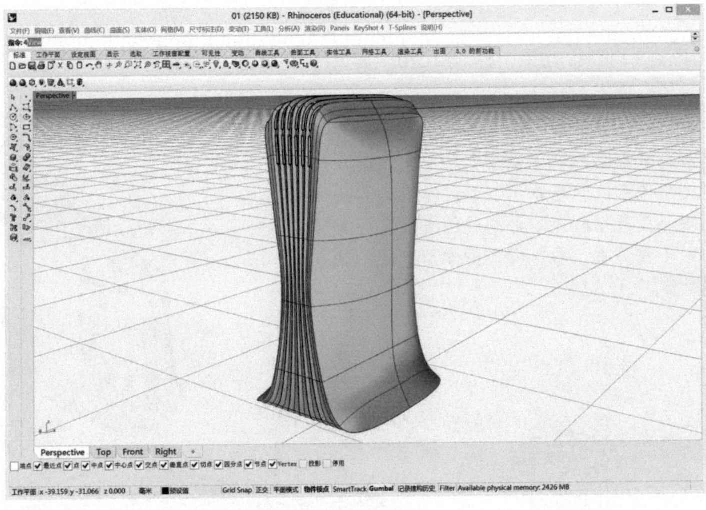

Rhino 3D 计算机辅助设计验证

通过草图阶段的探索，初步得到了几个形态设计的方案，针对方案的可行性研究还没有最终结束。接下来还要利用 3D 软件进行计算机辅助设计，以保证结构及内部空间的合理性。

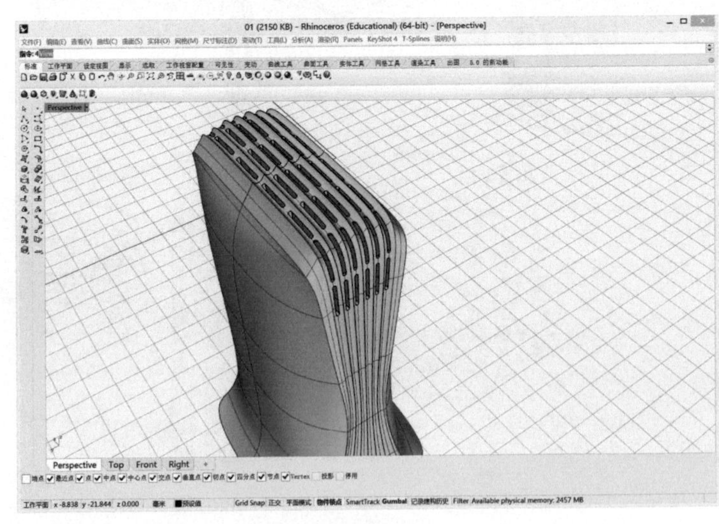

空气净化器形态设计

本例采用 Rhino 软件建模，KeyShot 软件渲染。

效果图渲染

通过 3D 效果图模拟，得到更加真实的效果，所以这一步对于产品色彩搭配、材料运用、工艺处理等的探索是很有必要的。

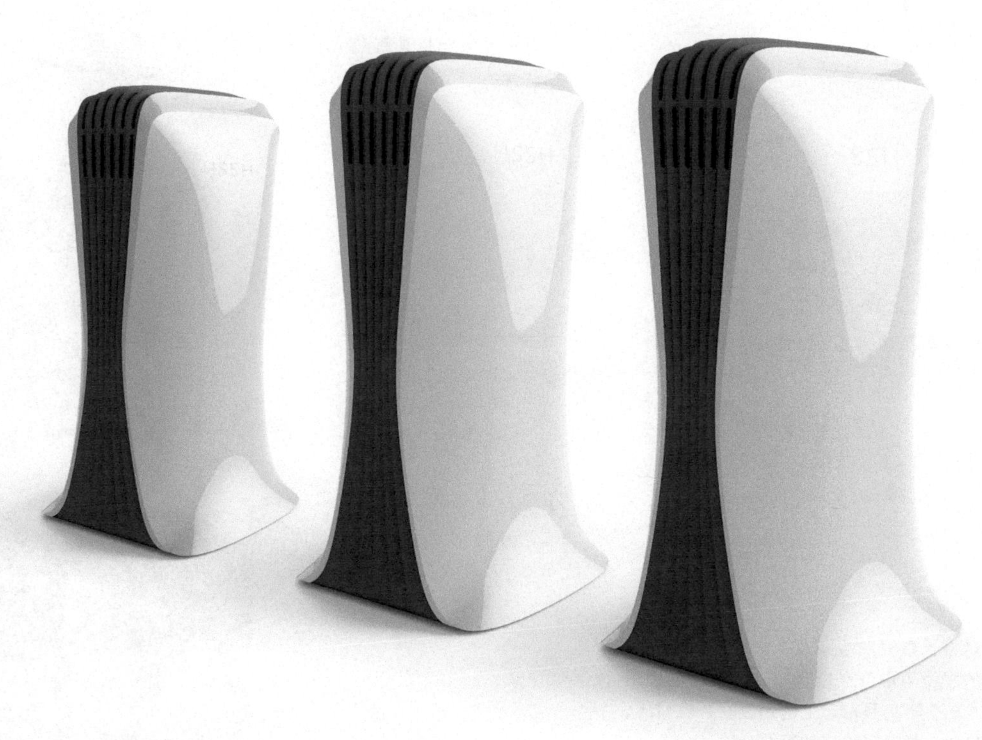

3.2.2 剃须刀形态特征的提取与推敲

1. 剃须刀形态特征的提取与推敲（一）

素材为概念头盔，素材设计大胆且具有前瞻性。

认知

通过对设计素材的观察及视觉评估，发现此概念的视觉中心及最显著的特征就是面部的轮廓，而且不只是形态上的凸显，还在材质、色彩风格上都做了相应的区分。

素材

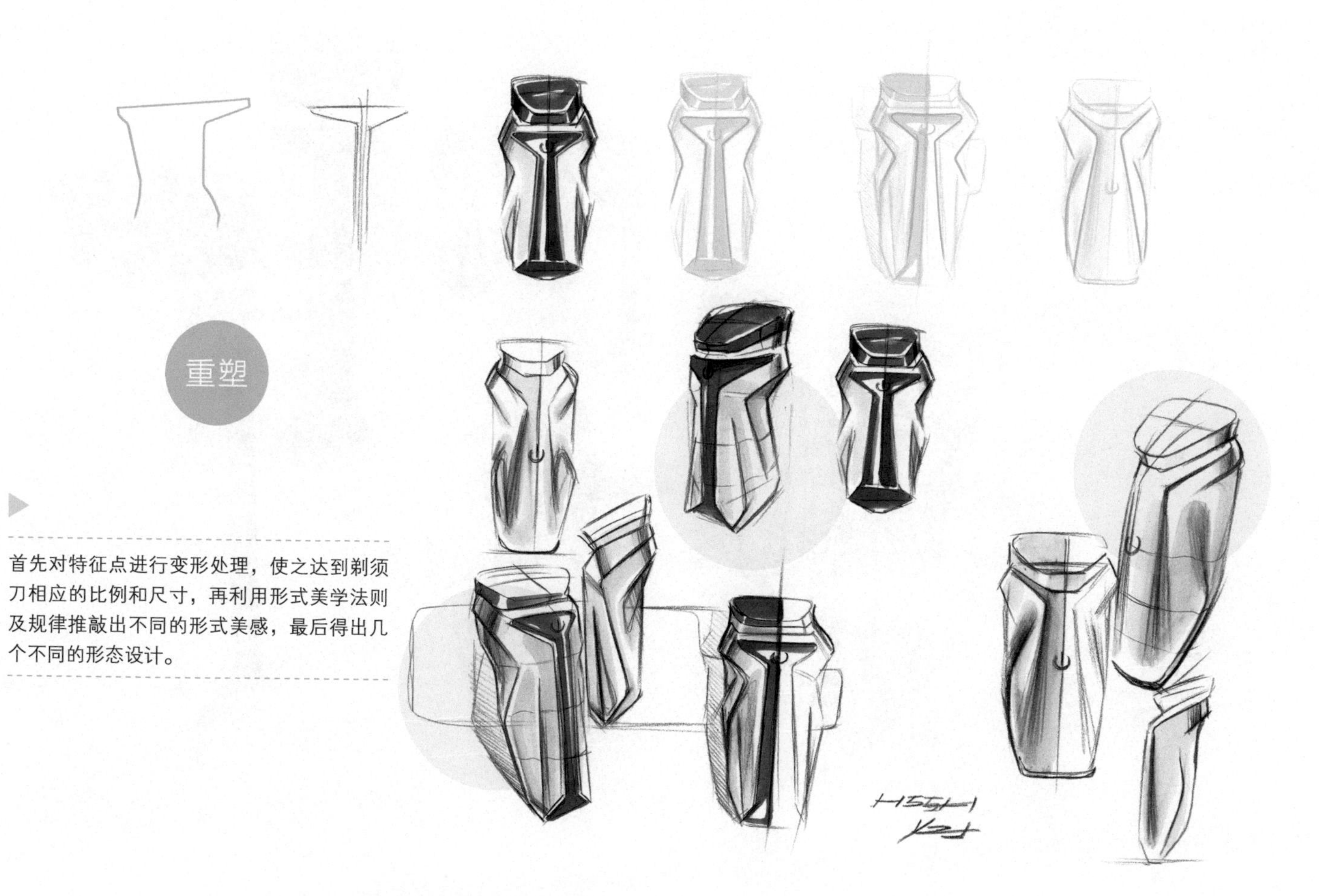

首先对特征点进行变形处理，使之达到剃须刀相应的比例和尺寸，再利用形式美学法则及规律推敲出不同的形式美感，最后得出几个不同的形态设计。

PS 3D 效果图渲染

在推敲不同形态的设计中，选择比较满意的形态进行优化设计和效果图渲染。

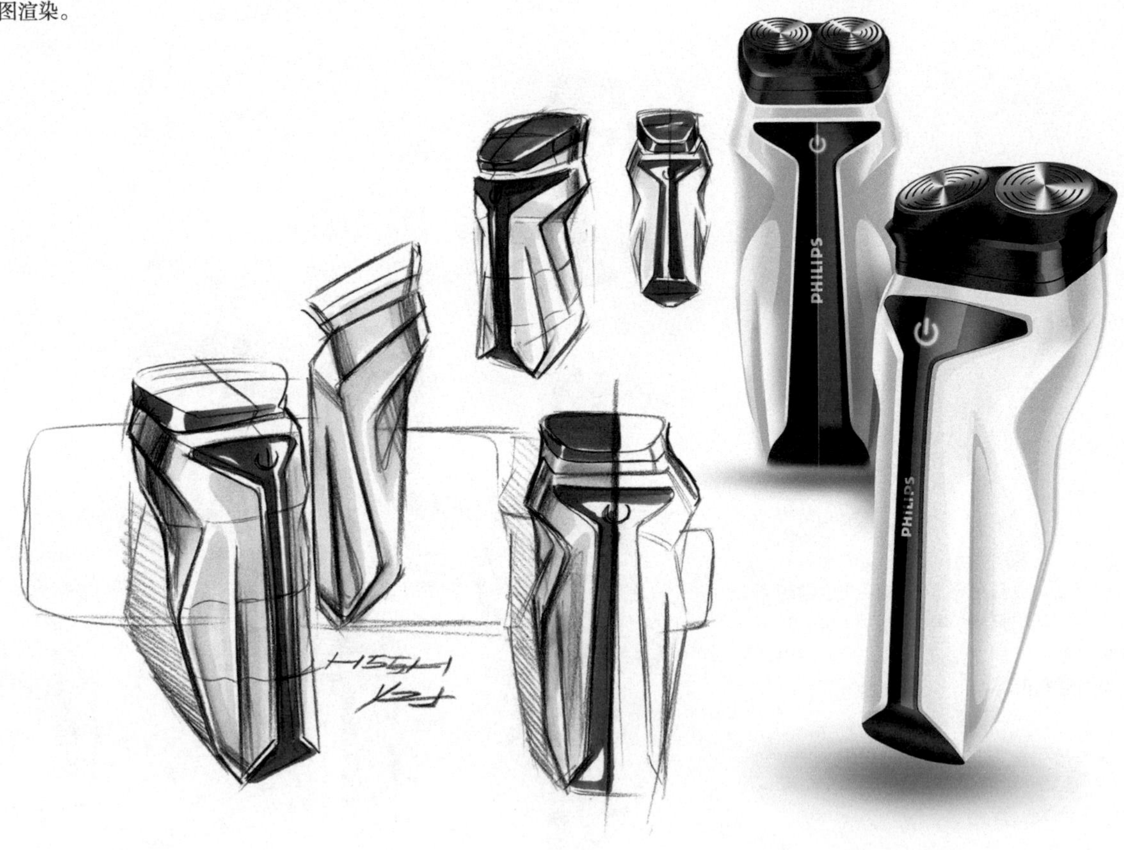

2. 剃须刀形态特征的提取与推敲（二）

提取意向图最明显的特征是，和剃须刀相结合后进行形态的创新，使形态符合产品功能的同时，又与现有产品有差异。

素材形态特征明显，棱角分明，且形态转折处光影细腻，微妙光影变化起到点睛的效果。

素材为概念形态。

进行剃须刀设计时，刻意把此素材的特征提取后按剃须刀的形态特征进行重构。

3. 剃须刀形态特征的提取与推敲（三）

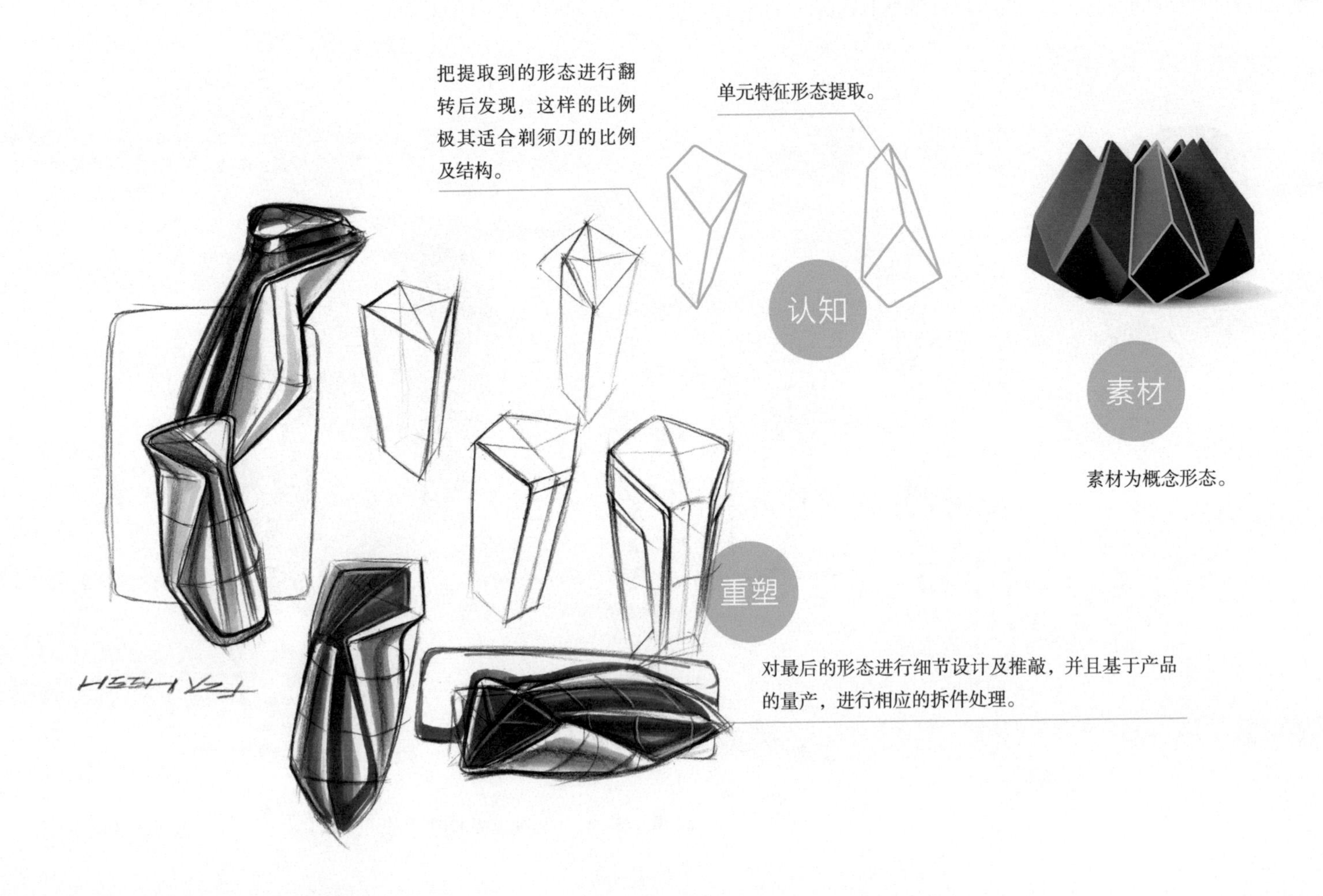

3.2.3 电动工具形态特征的提取与推敲

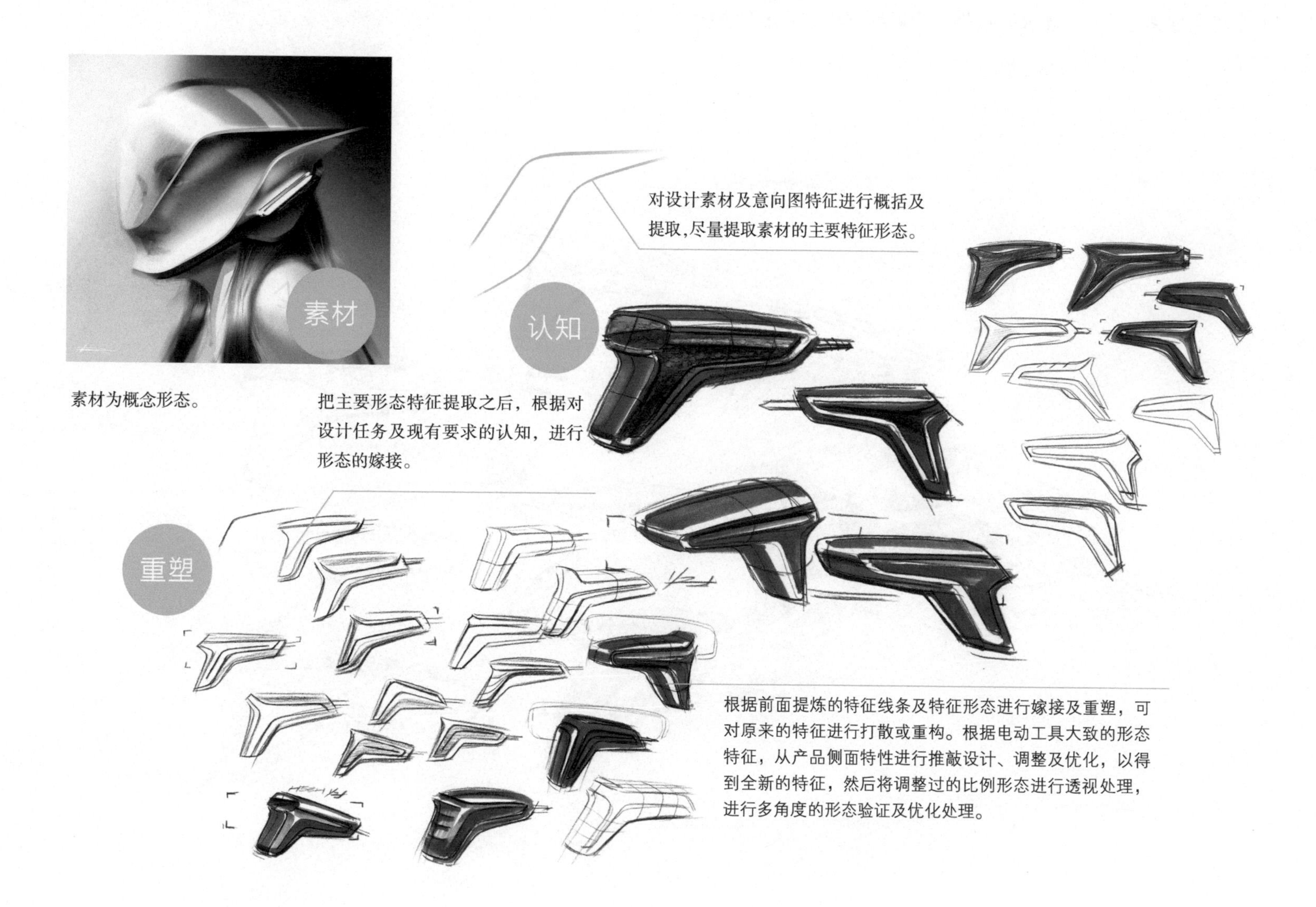

素材为概念形态。

对设计素材及意向图特征进行概括及提取，尽量提取素材的主要特征形态。

把主要形态特征提取之后，根据对设计任务及现有要求的认知，进行形态的嫁接。

根据前面提炼的特征线条及特征形态进行嫁接及重塑，可对原来的特征进行打散或重构。根据电动工具大致的形态特征，从产品侧面特性进行推敲设计、调整及优化，以得到全新的特征，然后将调整过的比例形态进行透视处理，进行多角度的形态验证及优化处理。

根据同样的方法，进行不同设计方向及风格的探索，前期草图阶段要尽可能探索更多的方案及可能性，为后续方案的优化及选择做好准备。

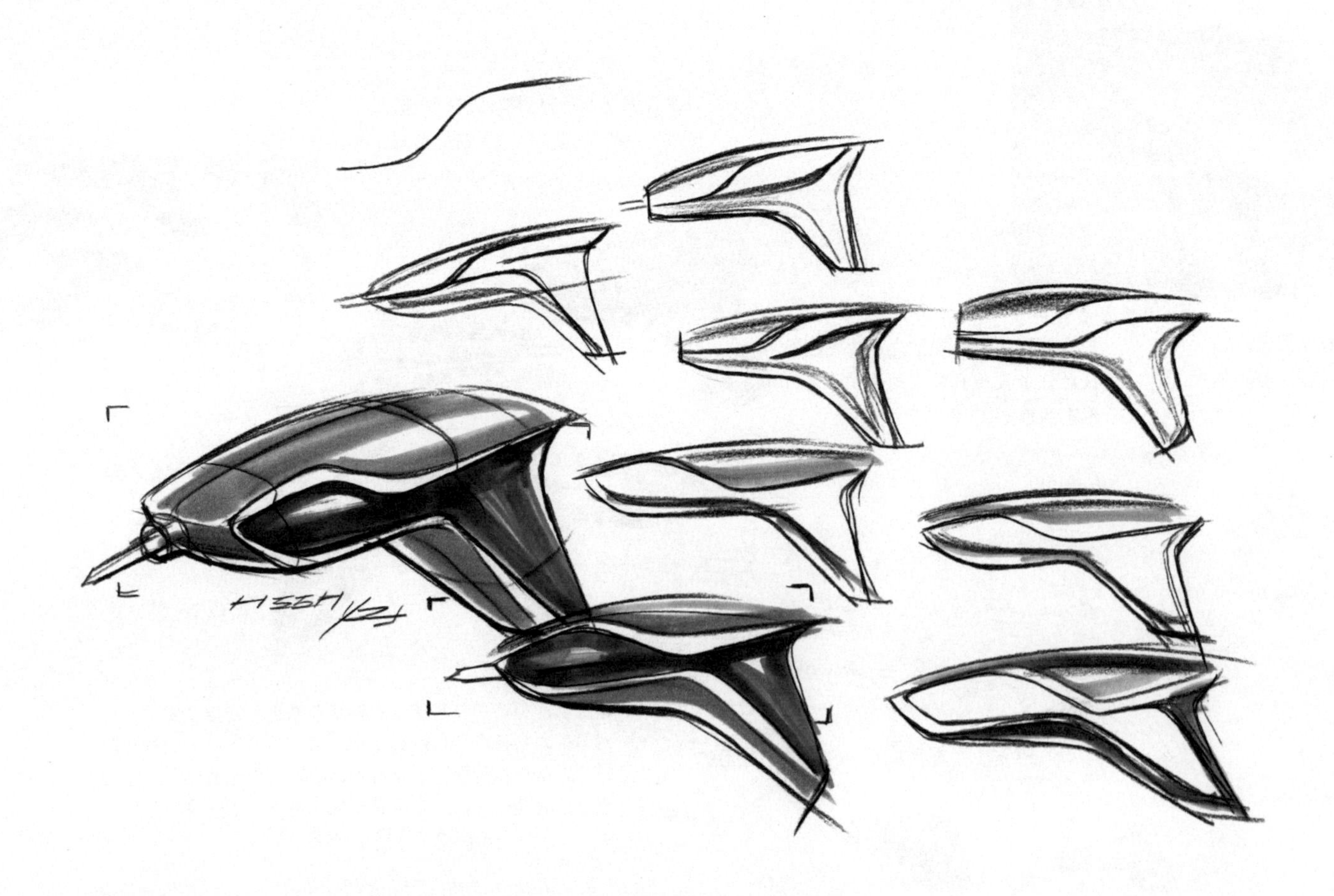

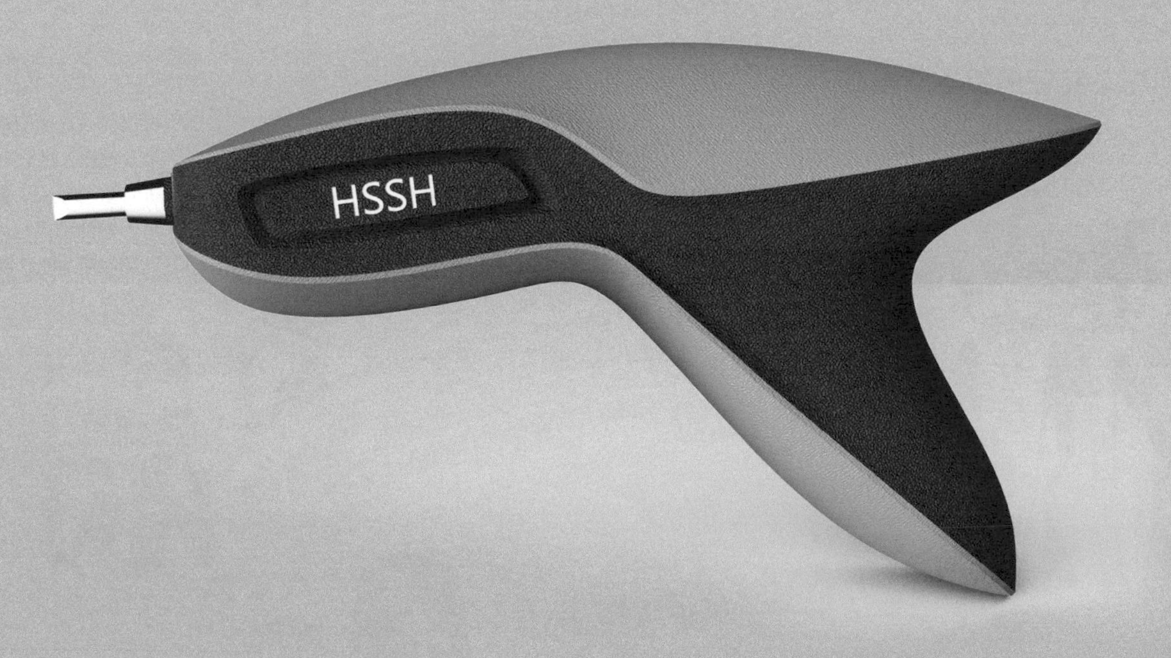

3D 效果图渲染

本案例使用 Rhino 软件建模，KeyShot 软件渲染，在渲染工具类产品时注意色彩和材质的搭配。工具类产品有明显的产品属性，如色彩鲜艳、明快，材质以金属、塑料为主。

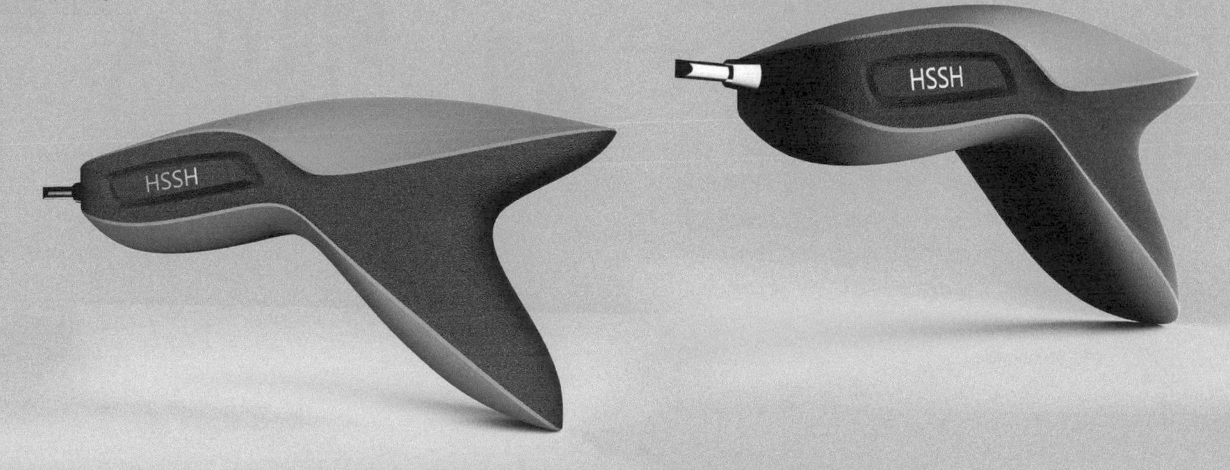

3.2.4 咖啡机形态特征的提取与推敲

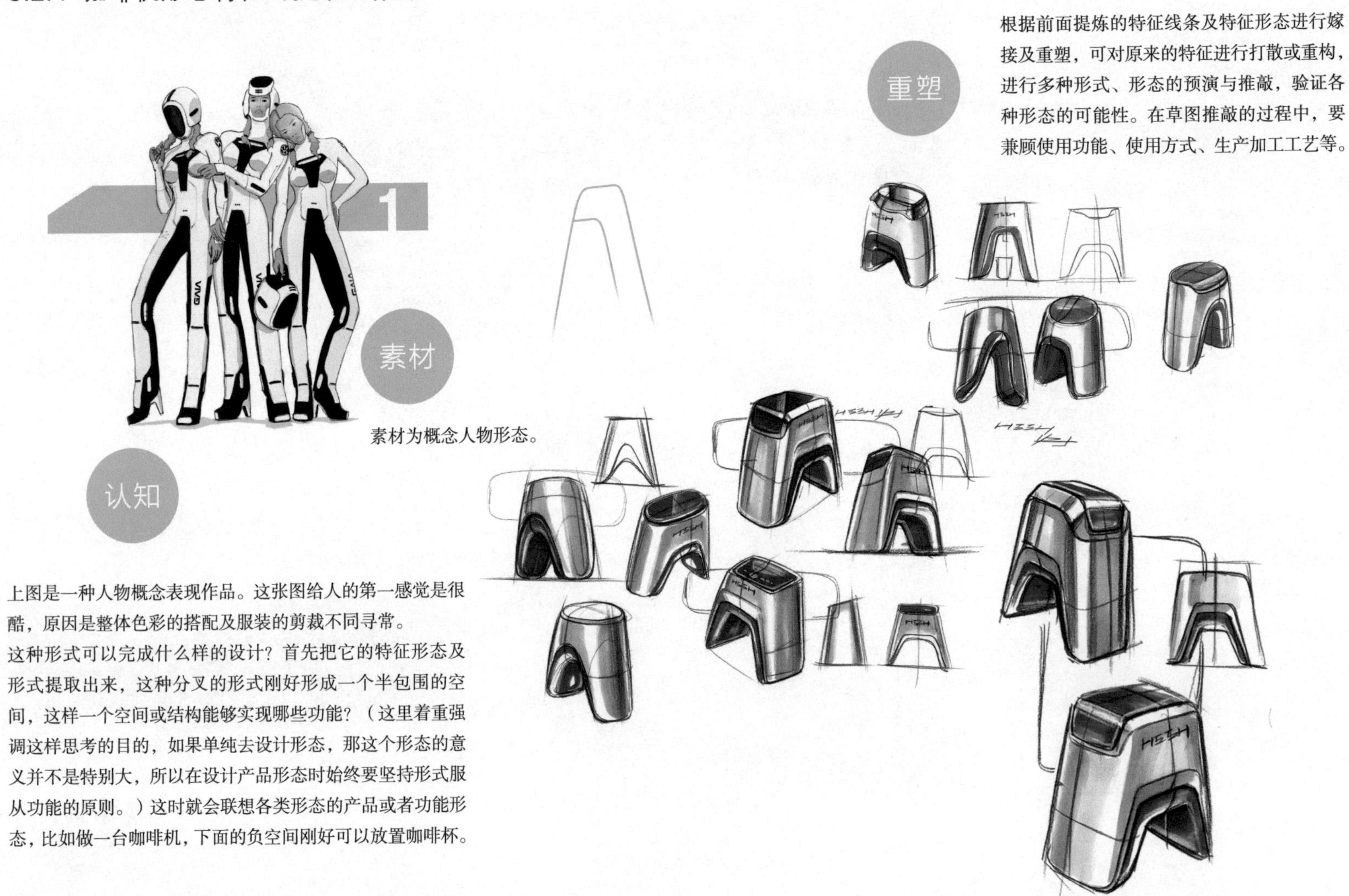

素材

素材为概念人物形态。

认知

上图是一种人物概念表现作品。这张图给人的第一感觉是很酷，原因是整体色彩的搭配及服装的剪裁不同寻常。

这种形式可以完成什么样的设计？首先把它的特征形态及形式提取出来，这种分叉的形式刚好形成一个半包围的空间，这样一个空间或结构能够实现哪些功能？（这里着重强调这样思考的目的，如果单纯去设计形态，那这个形态的意义并不是特别大，所以在设计产品形态时始终要坚持形式服从功能的原则。）这时就会联想各类形态的产品或者功能形态，比如做一台咖啡机，下面的负空间刚好可以放置咖啡杯。

重塑

根据前面提炼的特征线条及特征形态进行嫁接及重塑，可对原来的特征进行打散或重构，进行多种形式、形态的预演与推敲，验证各种形态的可能性。在草图推敲的过程中，要兼顾使用功能、使用方式、生产加工工艺等。

3D 效果图渲染

本案例使用 Rhino 软件建模，KeyShot 软件渲染，在渲染时表面效果以亚光为主。亚光能折射出较为细腻的光影变化，使产品看起来更具高级感。

3.2.5 奔驰 CLA Coupe 概念形态特征的提取与推敲

设定目标人群及设计素材。

基于设计素材的草图设计推敲及演变过程。

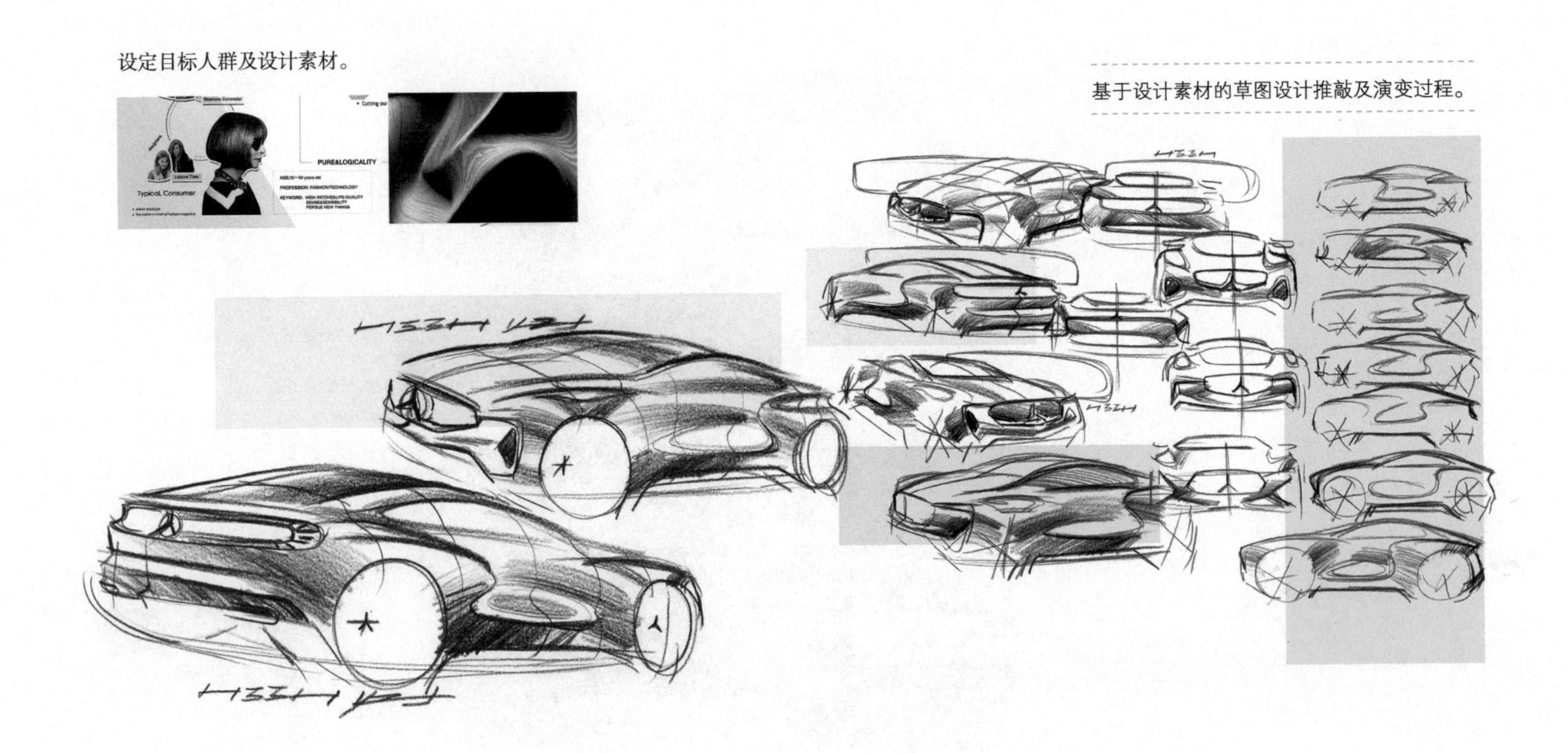

3.2.6 MOIA 新能源概念车形态特征的提取与推敲

概念形态的产品素材。

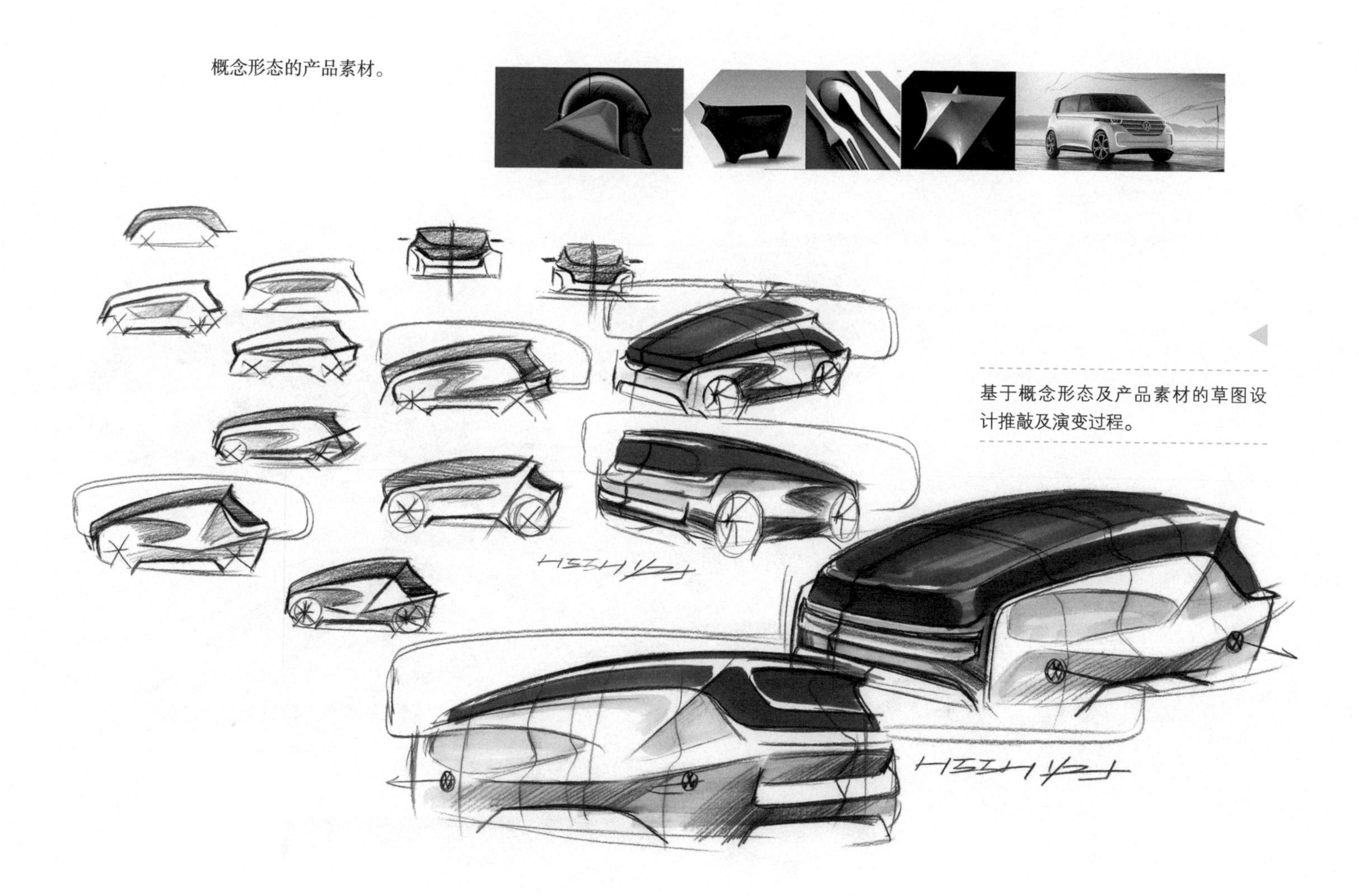

基于概念形态及产品素材的草图设计推敲及演变过程。

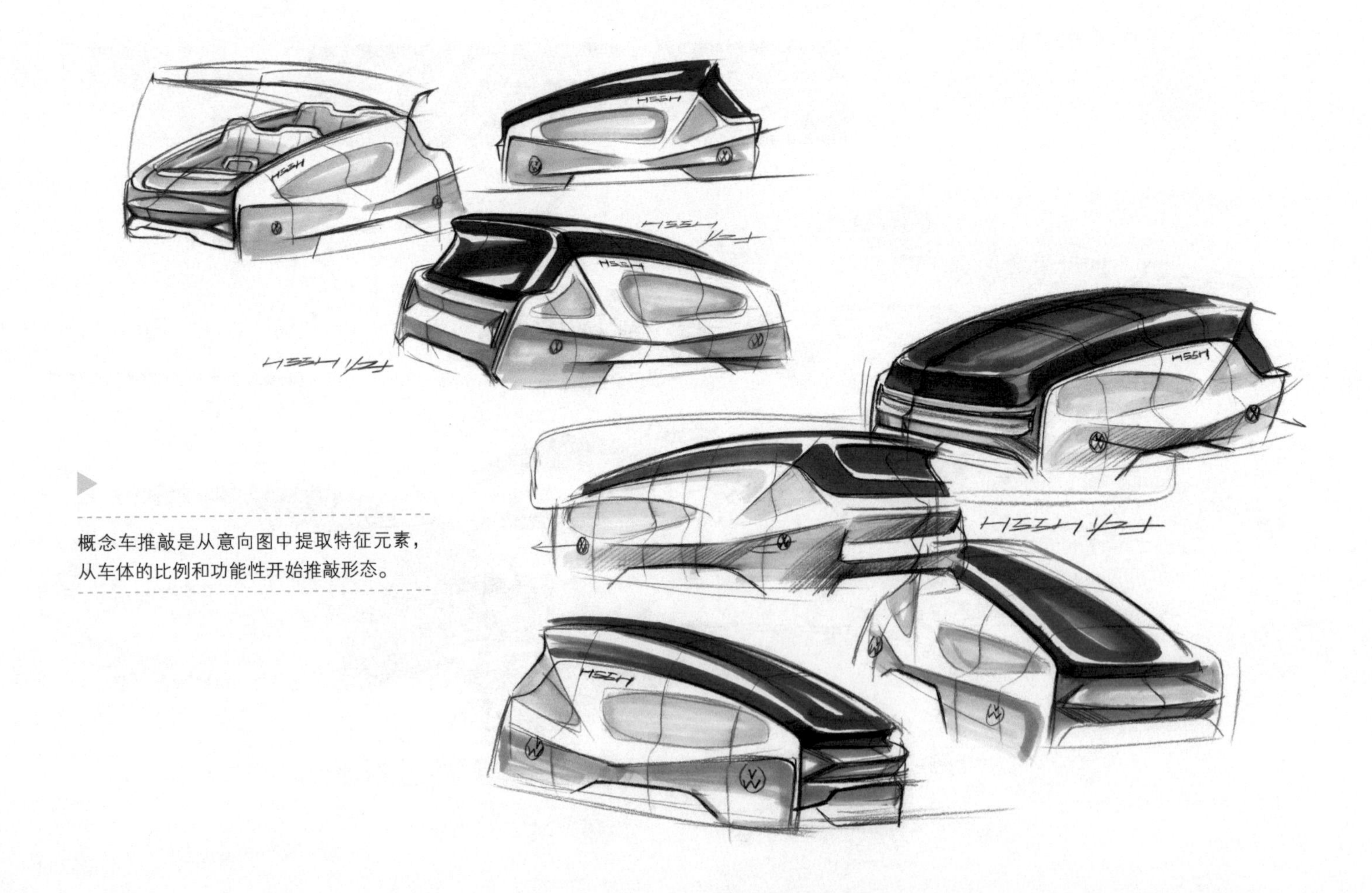

概念车推敲是从意向图中提取特征元素，
从车体的比例和功能性开始推敲形态。

3.2.7 重型卡车形态特征的提取与推敲

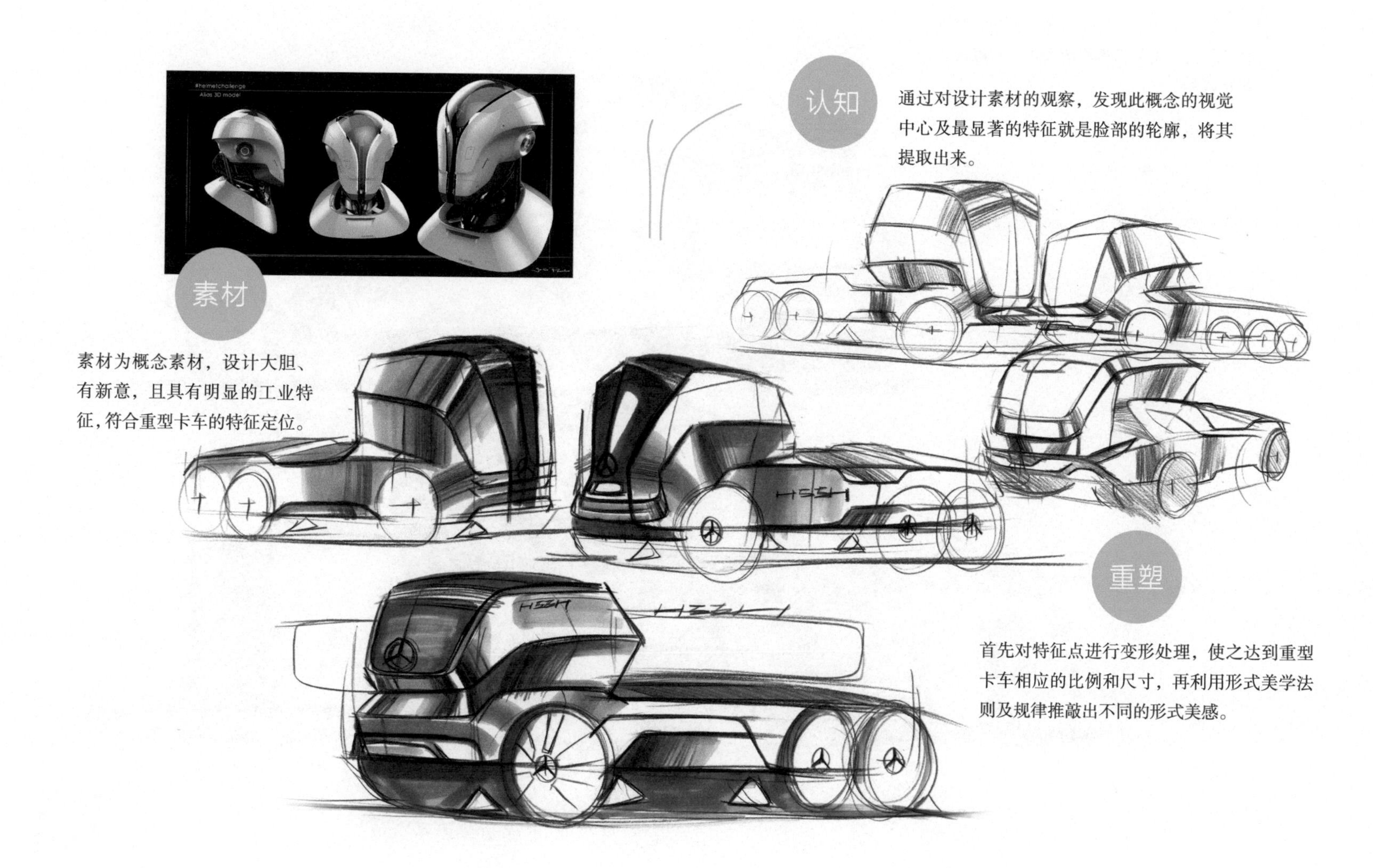

素材

素材为概念素材，设计大胆、有新意，且具有明显的工业特征，符合重型卡车的特征定位。

认知

通过对设计素材的观察，发现此概念的视觉中心及最显著的特征就是脸部的轮廓，将其提取出来。

重塑

首先对特征点进行变形处理，使之达到重型卡车相应的比例和尺寸，再利用形式美学法则及规律推敲出不同的形式美感。

推敲出不同形式美感的设计方案，并对其进行优化，通过对细节的修改和再次推敲使方案更加完善。

通过计算机辅助设计软件可以将产品更完美地展现。

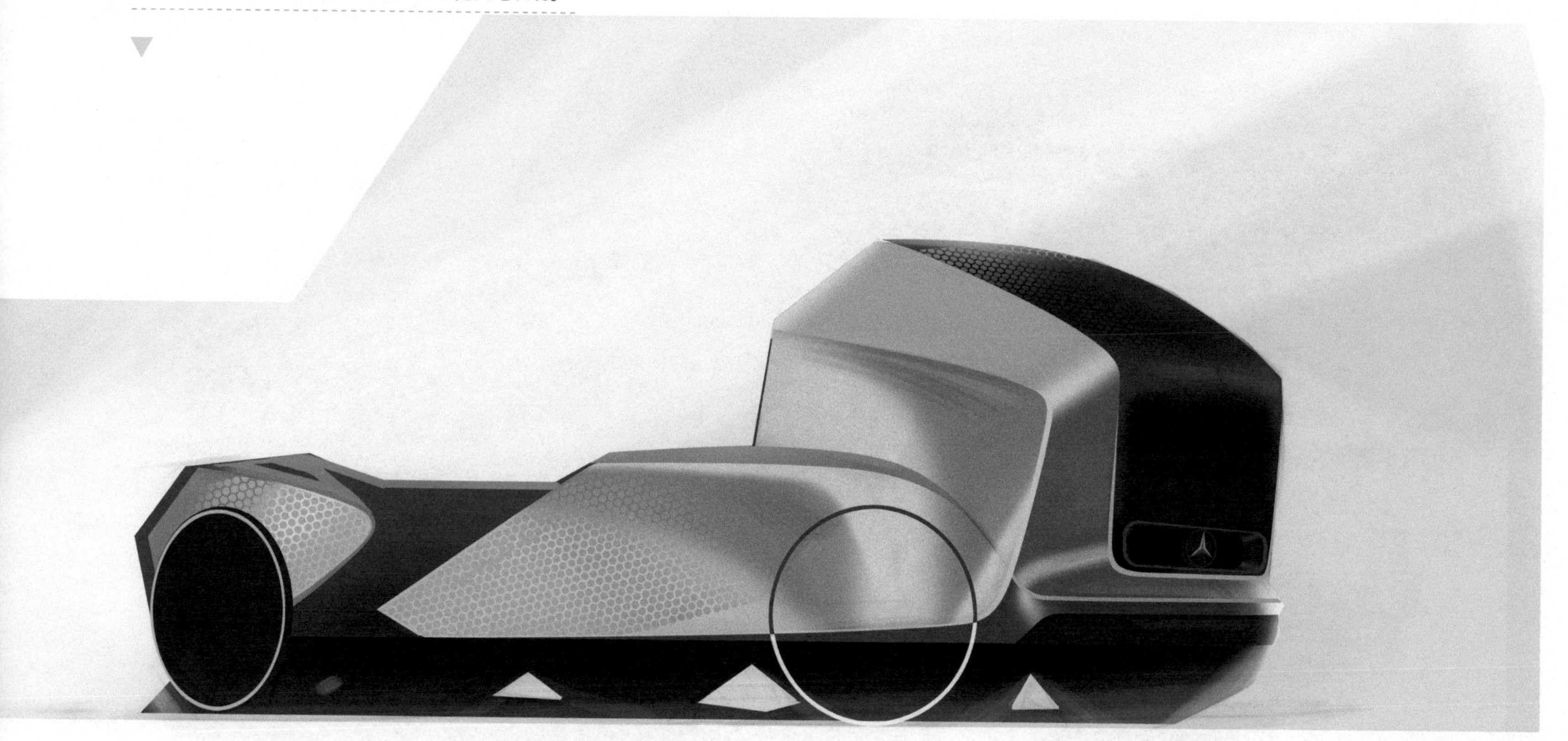

通过不同角度的展示，使产品的呈现更全面。

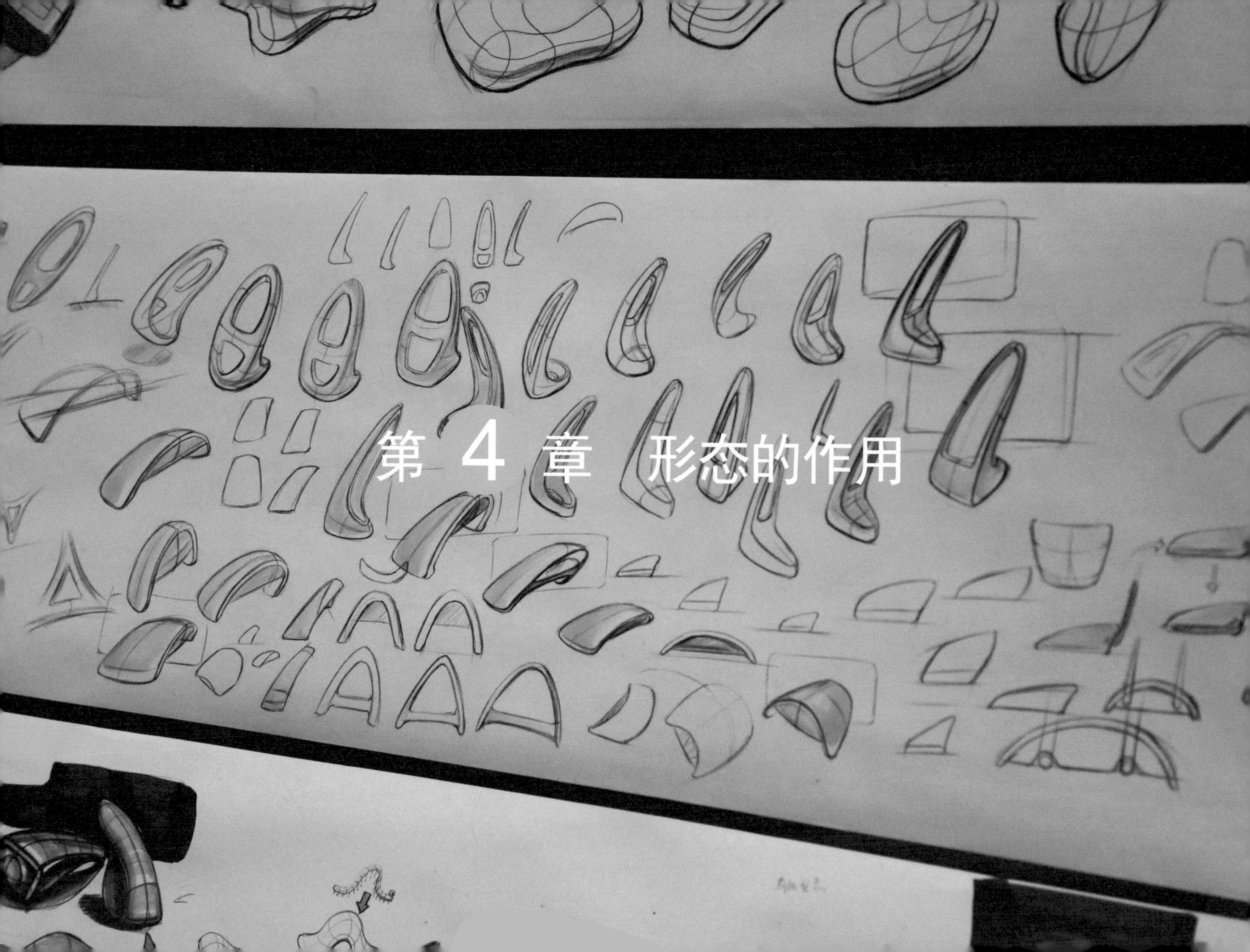

第 4 章 形态的作用

4.1 形态与功能的关系

进行草图形态推敲的时候，要考虑这个形体在实现某个特定功能的前提下，是否能够使产品用起来更方便，也就是为什么产品形态设计师要考虑形态。

总而言之，设计草图或推敲形态的时候一定要带着问题，并解决问题。画草图的目的就是把发现问题、解决问题的过程展现出来，如果不能解决问题，那么草图画得再细致都是无谓的工作。

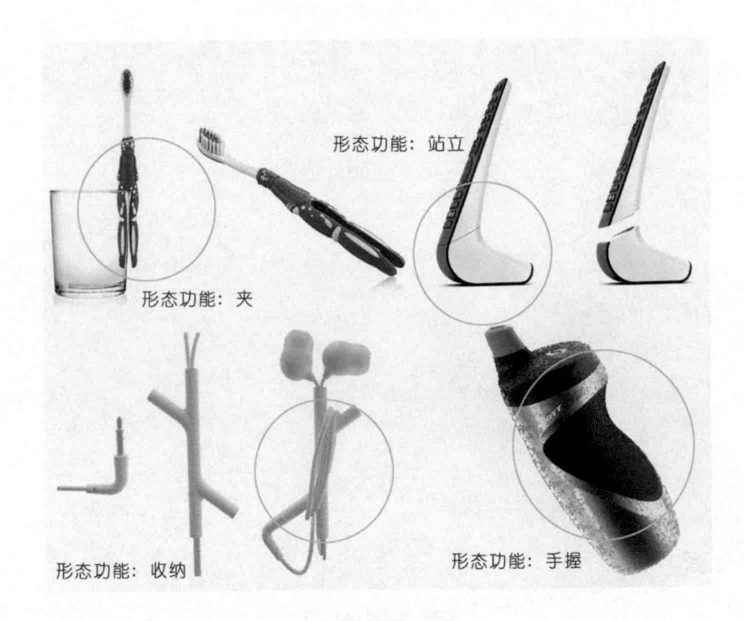

这是一个取暖器的外观形态设计。在推敲形态的时候并没有把形态和功能剥离开来，在保证产品形态美观的前提下，借助形态特征，曲面本身就有站立的特性，刚好和取暖器站立的功能契合，这个形态就是符合形式追随功能原则的形态。

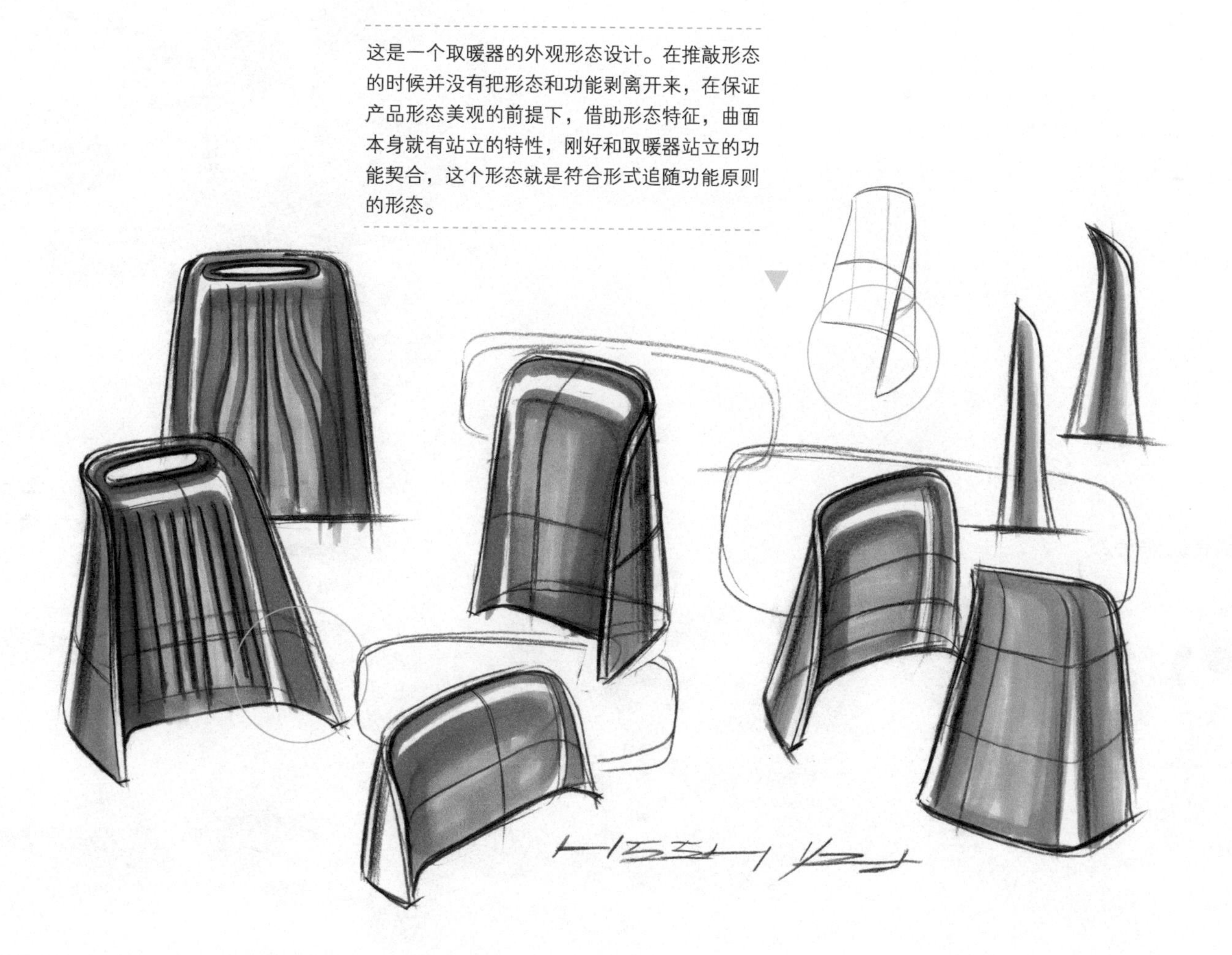

产品造型设计除了美观之外，还要受很多条件的制约，比如产品内部结构、使用方式、装配方式及加工方式等。

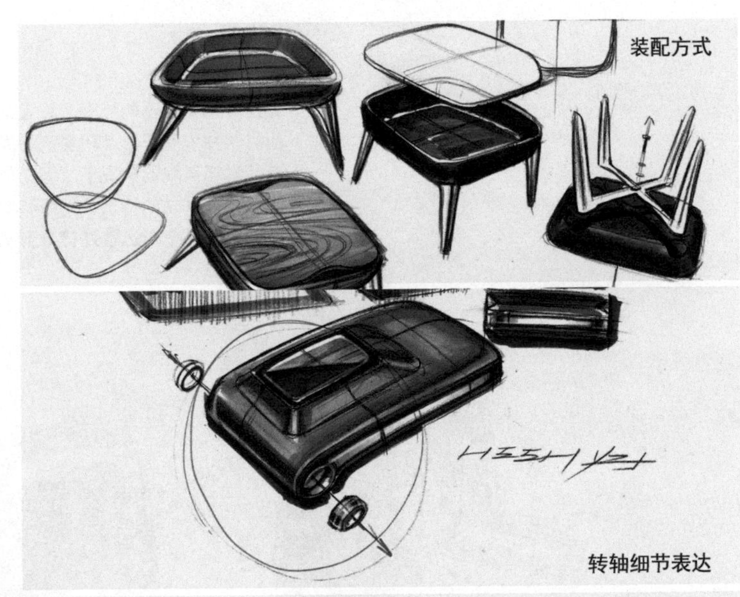

装配方式

转轴细节表达

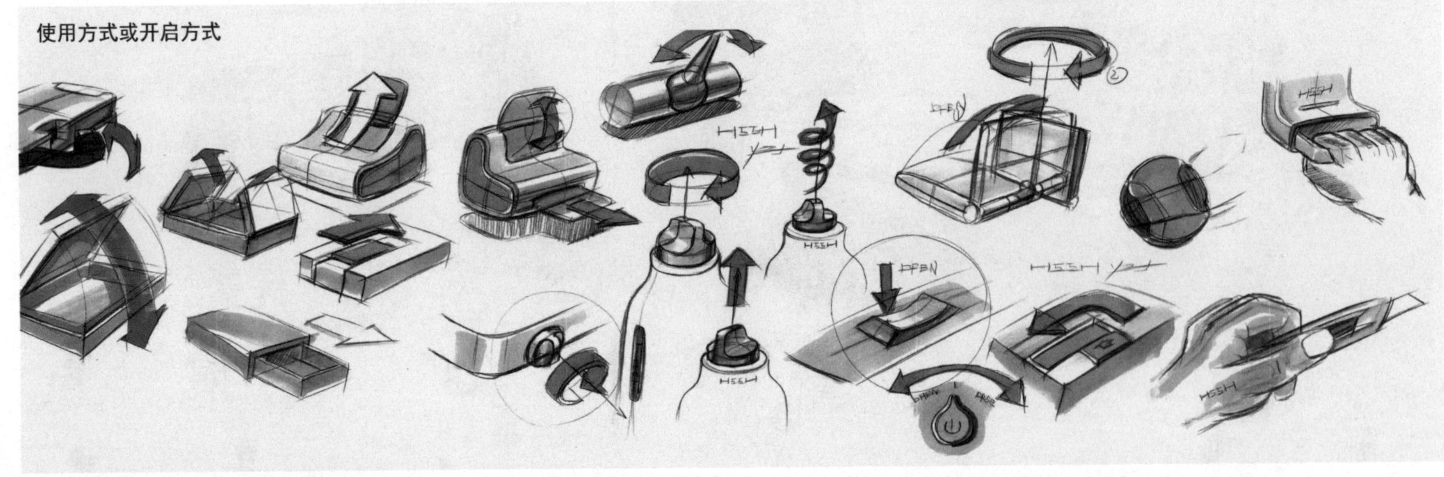

使用方式或开启方式

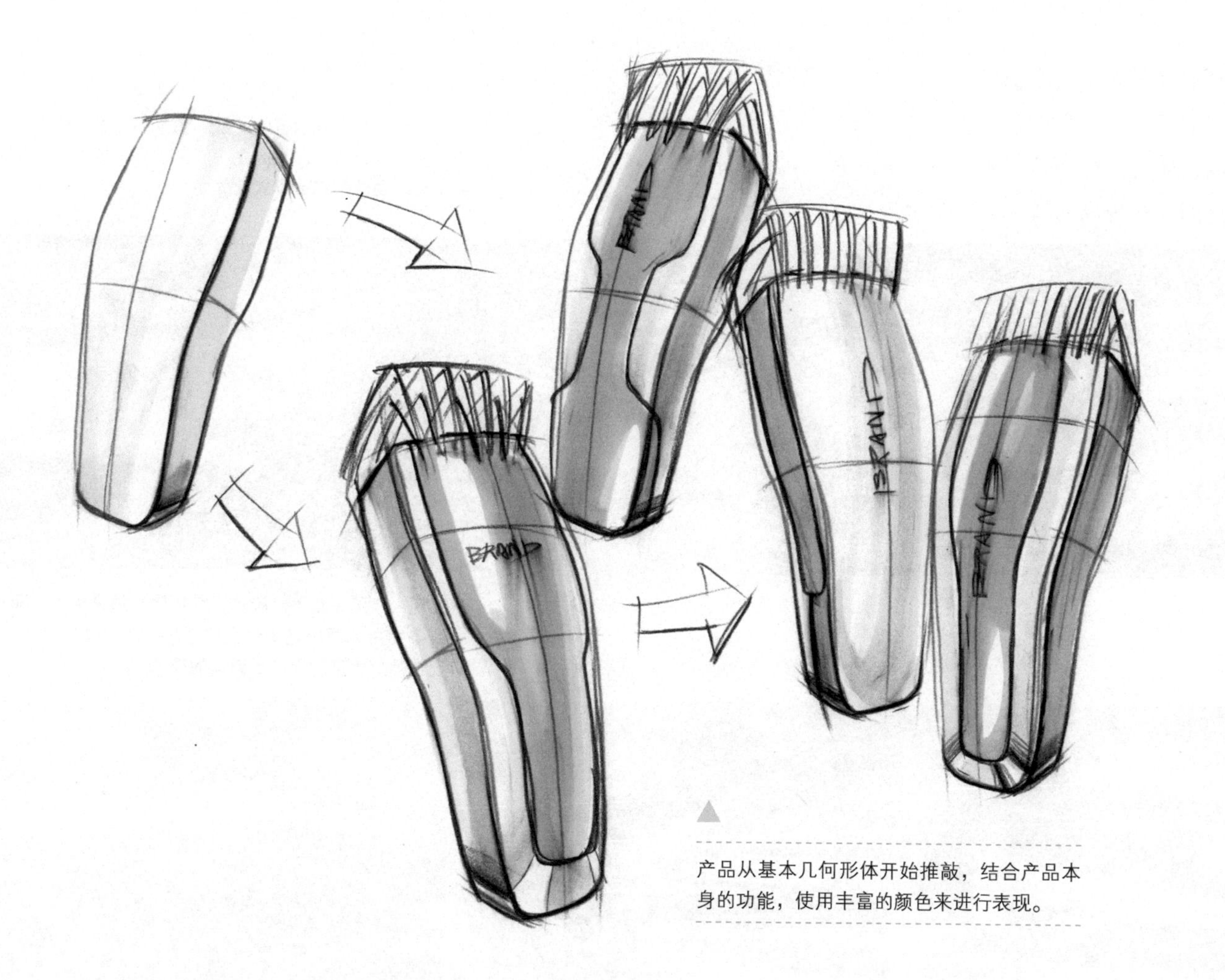

产品从基本几何形体开始推敲，结合产品本身的功能，使用丰富的颜色来进行表现。

4.2 形态与技术的关系

造型随着计算机技术的发展也会发生相应的变化，故设计师在设计产品造型的时候要充分了解所设计的产品当下的技术条件及未来的发展趋势，再给出既符合当下的技术条件，又具有一定前瞻性的设计方案，而不是固守陈规或天马行空地设计。

以前

这里以车灯为例加以说明。从下图我们可以清晰地看出，较为早期的车灯设计多以圆形为主，其主要原因是早期都以卤素灯泡为主，技术导致形态或样式无太大变化。

再看现今主流车型大灯设计，灯的体量越来越小，而且都以细小的线条为主，原因是现今主要采用 LED 大灯，其体量小，给予了设计师更大空间设计出新颖的造型。

现在

4.3 形态与材料、工艺的关系

下面以苹果MAC产品的发展趋势为例来探讨产品形态和材料、工艺的关系。2000 年左右的苹果 MAC 产品形态非常臃肿，这是当时技术所导致的结果。再看材料，2000 年到 2005 年多以塑料为主，因为用塑料很难将一个产品做到极简，它需要几个部件组装在一起，所以导致产品表面会有很多缝隙，而且不能特别精密。从 2007 年开始，苹果 MAC 产品基本以金属为主，通过计算机数字化控制精密仪器加工成型，这样就能让产品表现出无与伦比的完整，而且非常精密。这个结果更多地归功于新材料及新工艺的应用，所以在产品形态设计初始就要充分考虑各类材料的工艺特性。

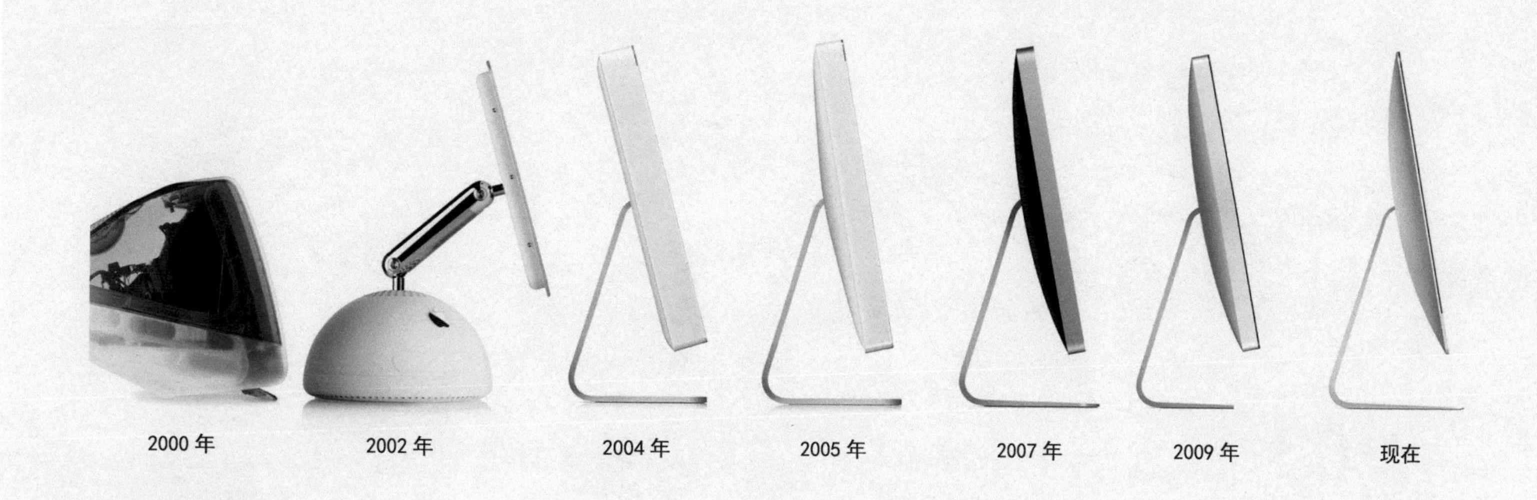

以材料工艺特性为出发点，对一块平面金属面板进行不同形状的裁切，并进行一定程度的弯折达到特定的功能目的，这个设计就相当于材料特性及加工方式的创新，使产品的生产更加简单、高效、低成本，此时产品的造型就变得不太重要了。

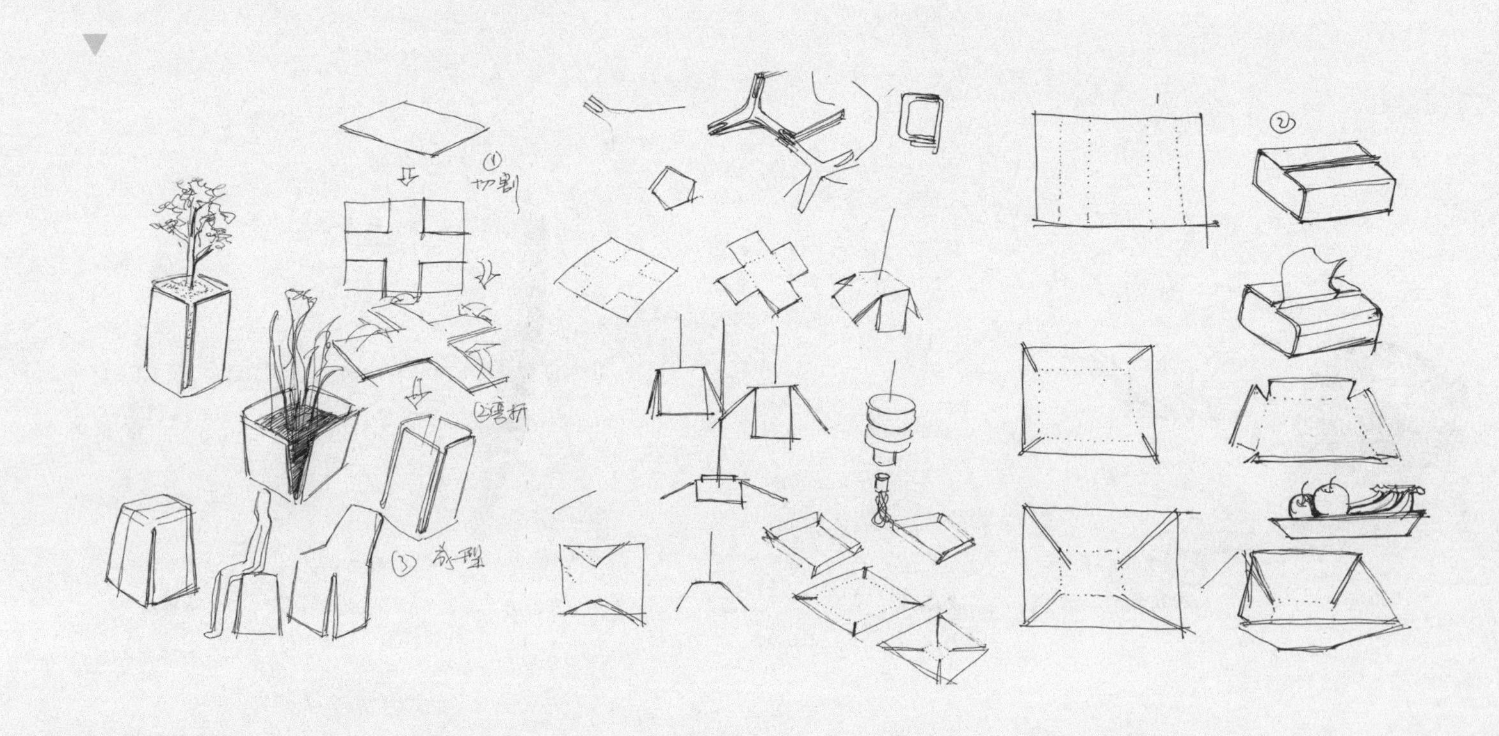

最终产品效果示例，通过计算机辅助设计软件展现。

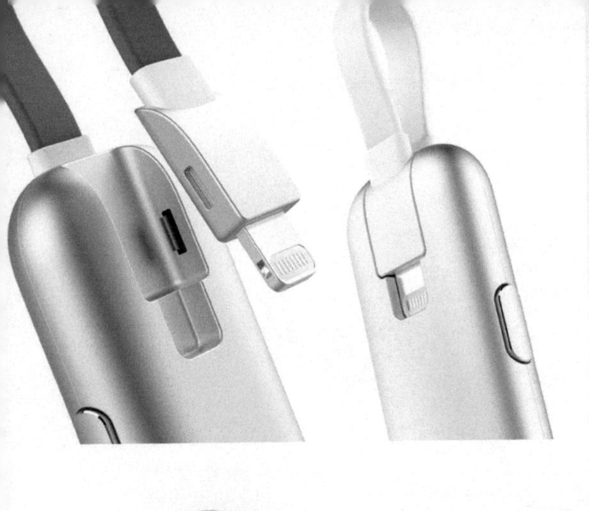

第5章 形态的语义

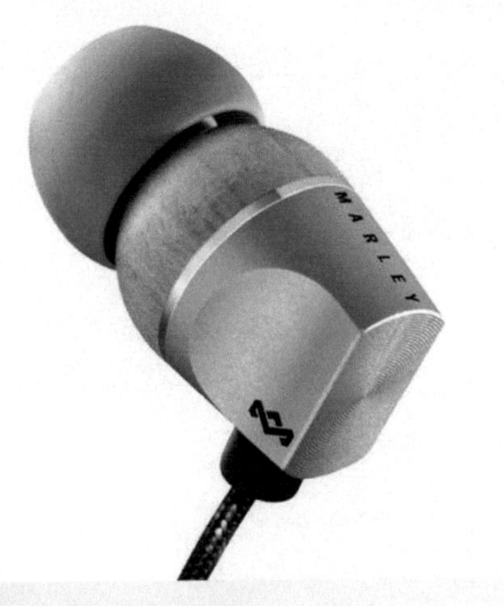

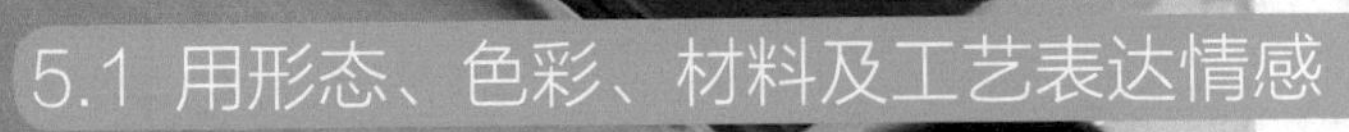

5.1 用形态、色彩、材料及工艺表达情感

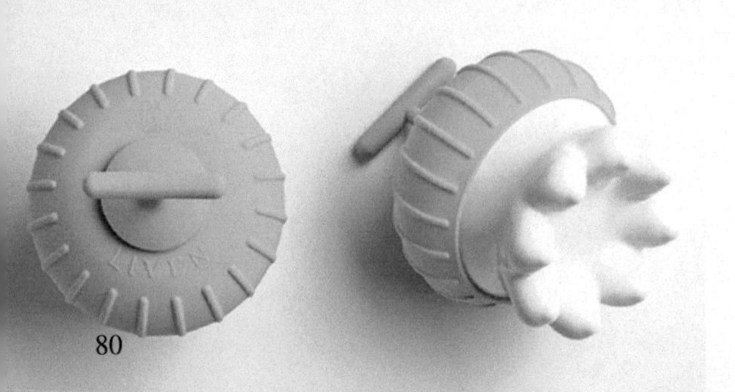

5.1.1 形态的情感特征

除满足功能需求外，形态还有另一个作用——传递感情。

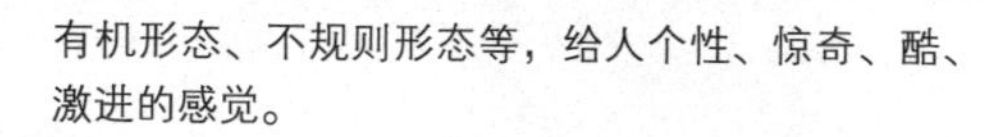

有机形态、不规则形态等，给人个性、惊奇、酷、激进的感觉。

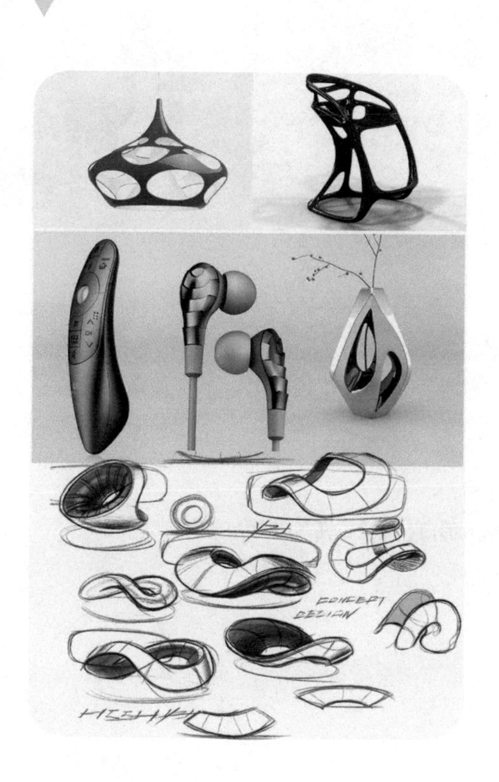

直线、平面、棱面、正方体等，给人以稳定、硬朗、明快、力量、规则、冷峻的感觉。

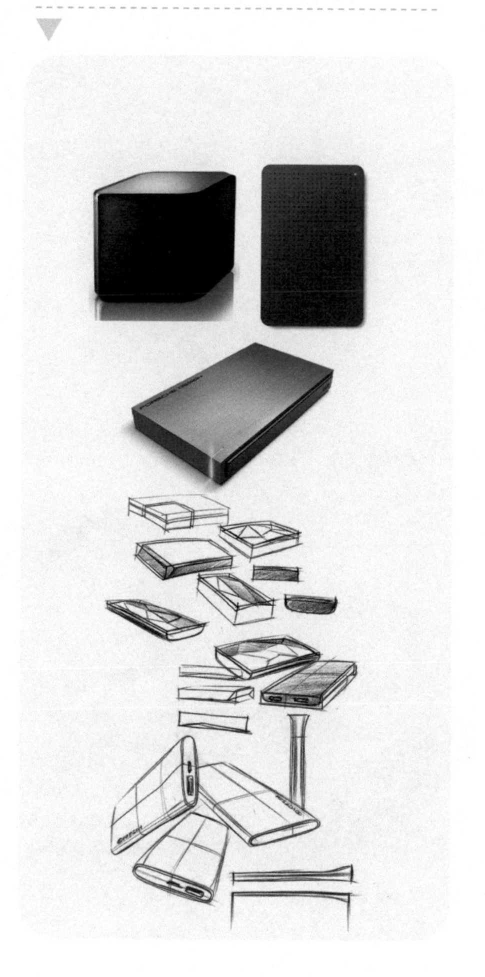

曲线形、曲面体、球体等，给人以运动、温和、优雅、流畅、柔软、活泼的感觉。

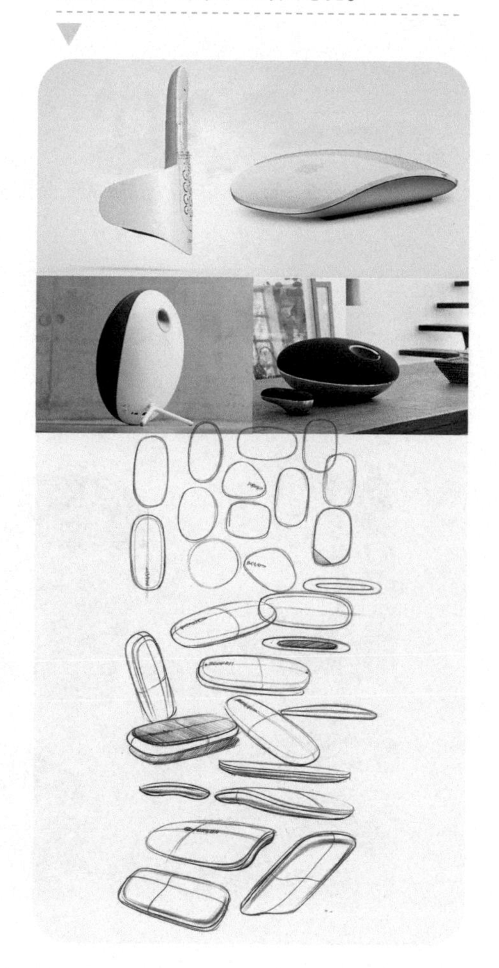

5.1.2 色彩的情感特征

事物的形态和色彩的直观感受能在一定程度上影响人的心理情感，某一色彩或色调的出现，可以引起人们对生活的美妙联想及情感上的共鸣，所以在产品设计过程中对于色彩的运用也应非常考究。

粉色系：

给人飘逸、轻盈、娇嫩、柔和、宁静、舒适与年轻的感觉。

纯色系：

给人时尚、雅致、明快、活力、灿烂的感觉。

黑、灰色：

给人深沉、神秘、中庸、谦让、高雅的感受。

白色：

给人洁白、明快、纯真、清洁的感受。

5.1.3 材料及工艺的情感特征

材料及工艺是实现产品的必要手段，不同的材料及加工工艺所表达出来的效果有天壤之别，传递的感觉也完全不同，因此材料及工艺的选择也是设计考量的重要因素。

金属（不锈钢、铝、铝镁合金等）：
给人科技感及精密、细腻、冷峻、未来的感觉，是近几年比较流行的趋势之一。

木材及陶瓷：
给人自然、温和、舒适、雅致的感觉。

塑料：
给人轻便、时尚、结实的感觉。

皮革和织物：
给人柔软、品质、细腻、温暖的感觉。

5.2 硬朗、冷峻、科技感造型元素提炼

此类造型主要表现出如下特征。

形态语言特征：直线、棱角分明、刚硬。

色彩语言特征：银色、深蓝色、黑色。

材料及工艺特征：金属、透明材质、灯光。

5.2.1 奔驰汽车外饰设计推敲（一）

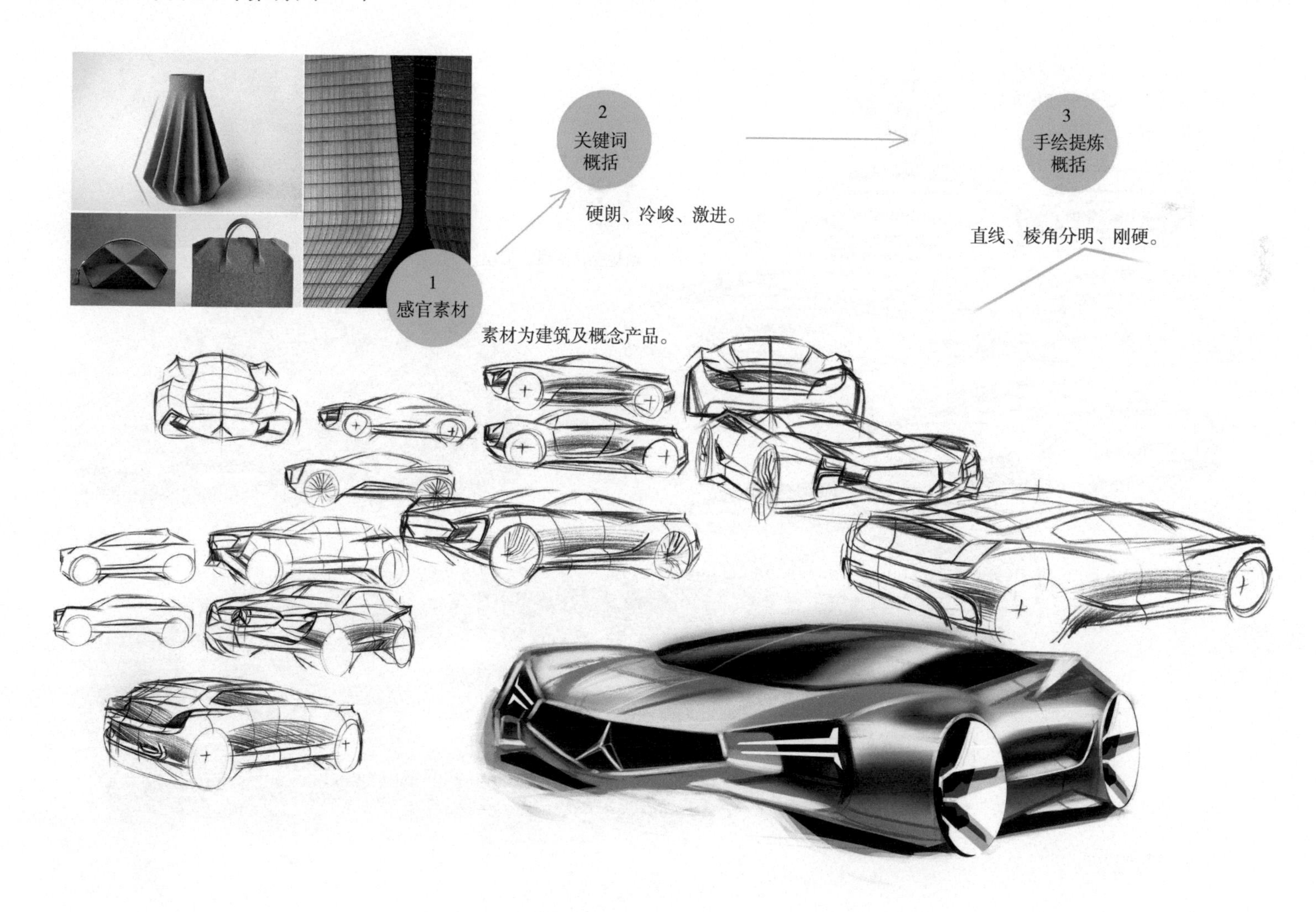

5.2.2 奔驰汽车外饰设计推敲（二）

5.2.3 音箱造型设计推敲（一）

提取推敲形态时，同时考虑形式美学法则及变形方法的运用，才能推敲出更多合适的设计。

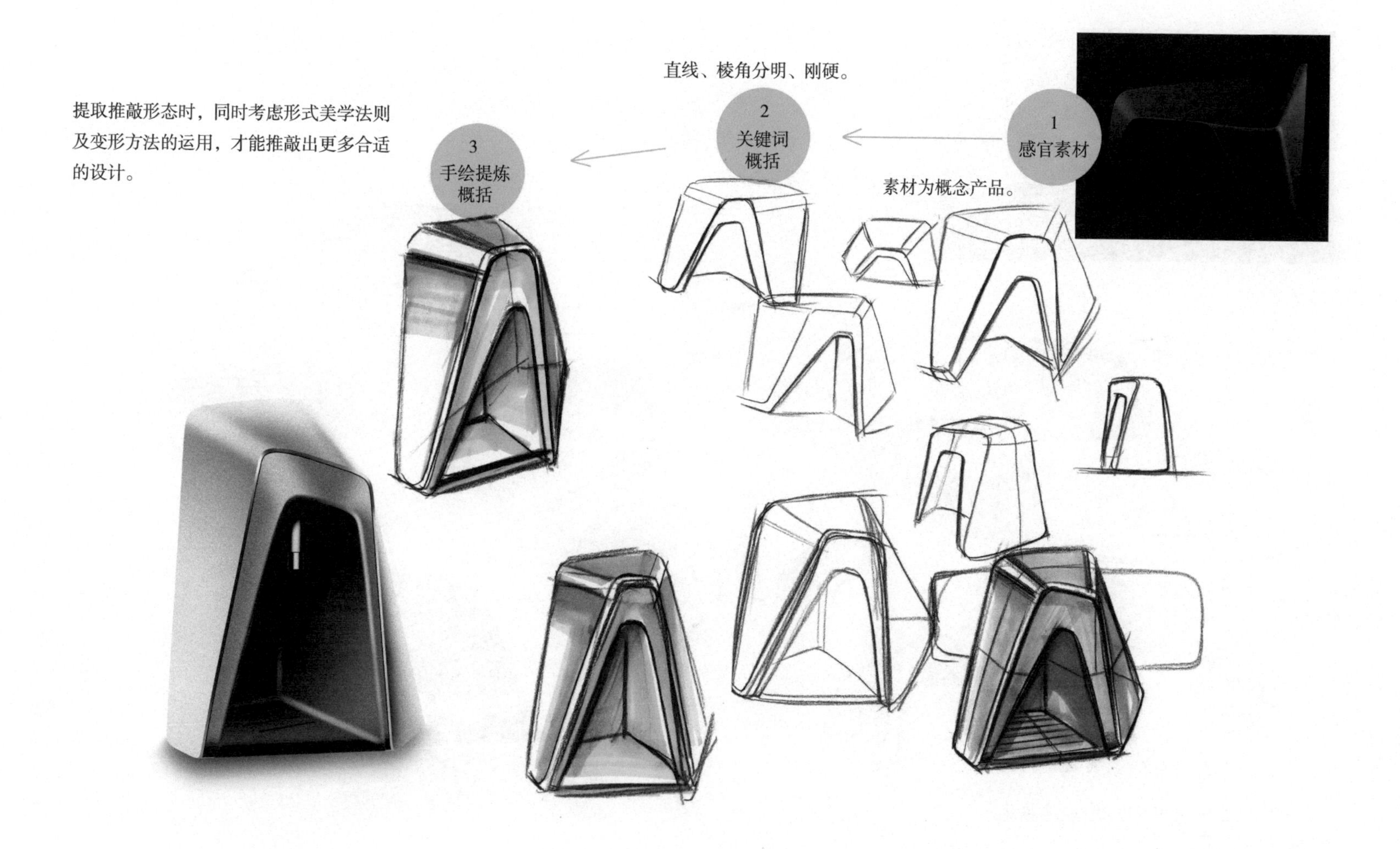

5.2.4 音箱造型设计推敲（二）

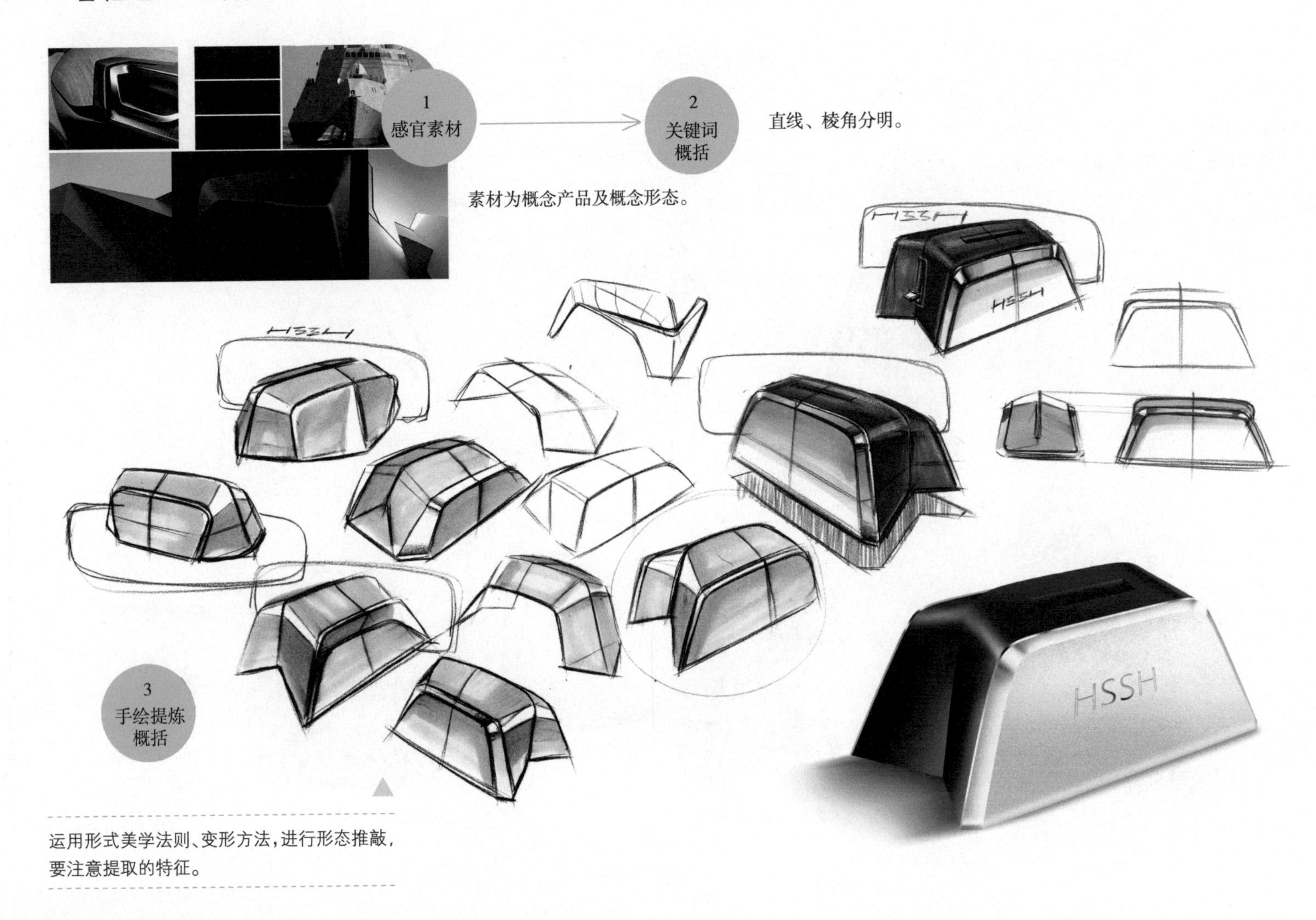

运用形式美学法则、变形方法，进行形态推敲，要注意提取的特征。

5.2.5 电钻形态提取概念设计

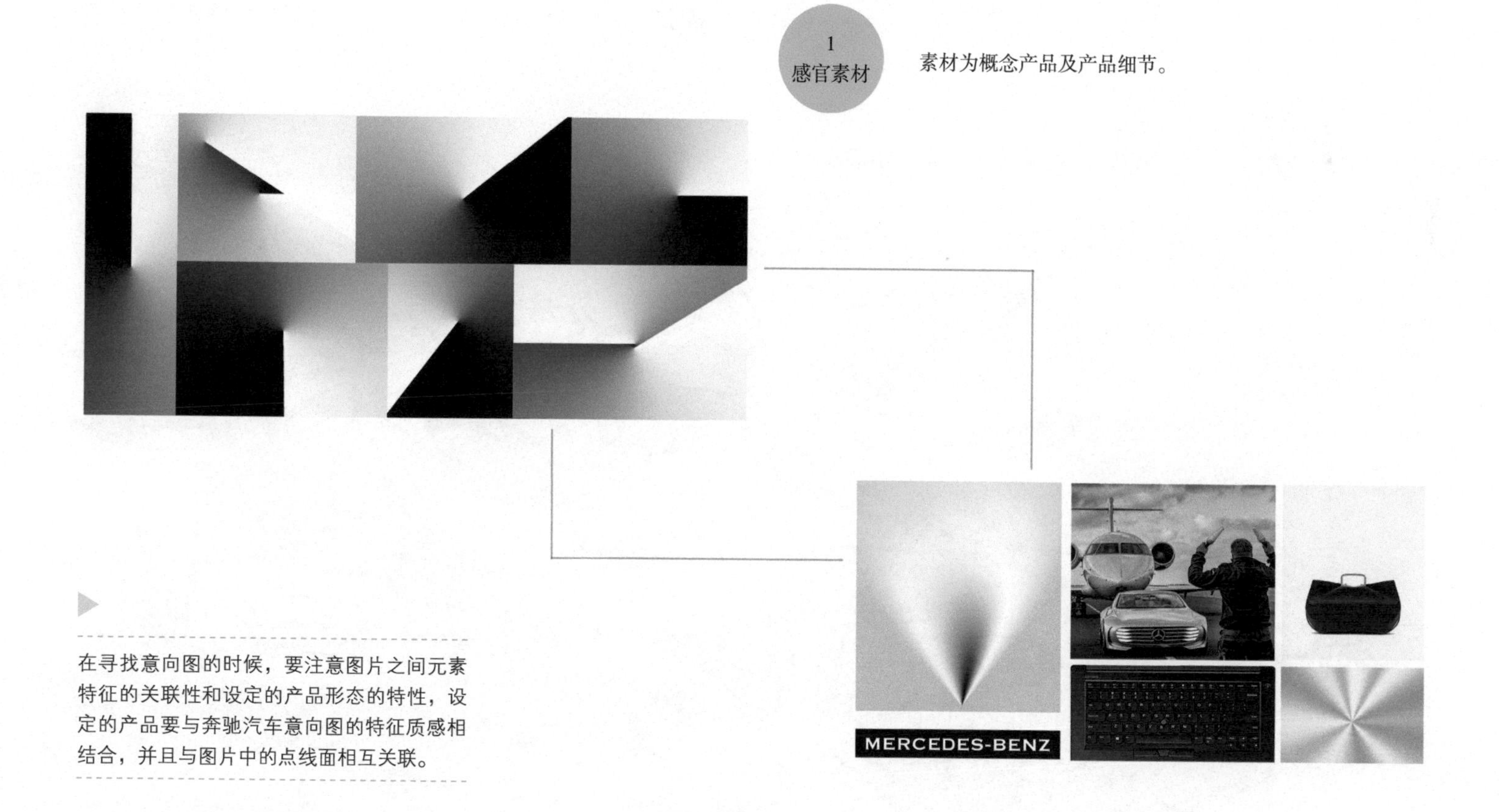

▶

在寻找意向图的时候，要注意图片之间元素特征的关联性和设定的产品形态的特性，设定的产品要与奔驰汽车意向图的特征质感相结合，并且与图片中的点线面相互关联。

在推敲电钻的过程中，形态特征是意向图的点、线、面元素，然后与电钻原有的形态相结合进行造型创新设计。

2 关键词概括

点、发散的光影、渐变效果，棱角形体转折。

3 手绘提炼概括

根据设计意向图的形态特征，进行电钻形态的设计过程推敲。

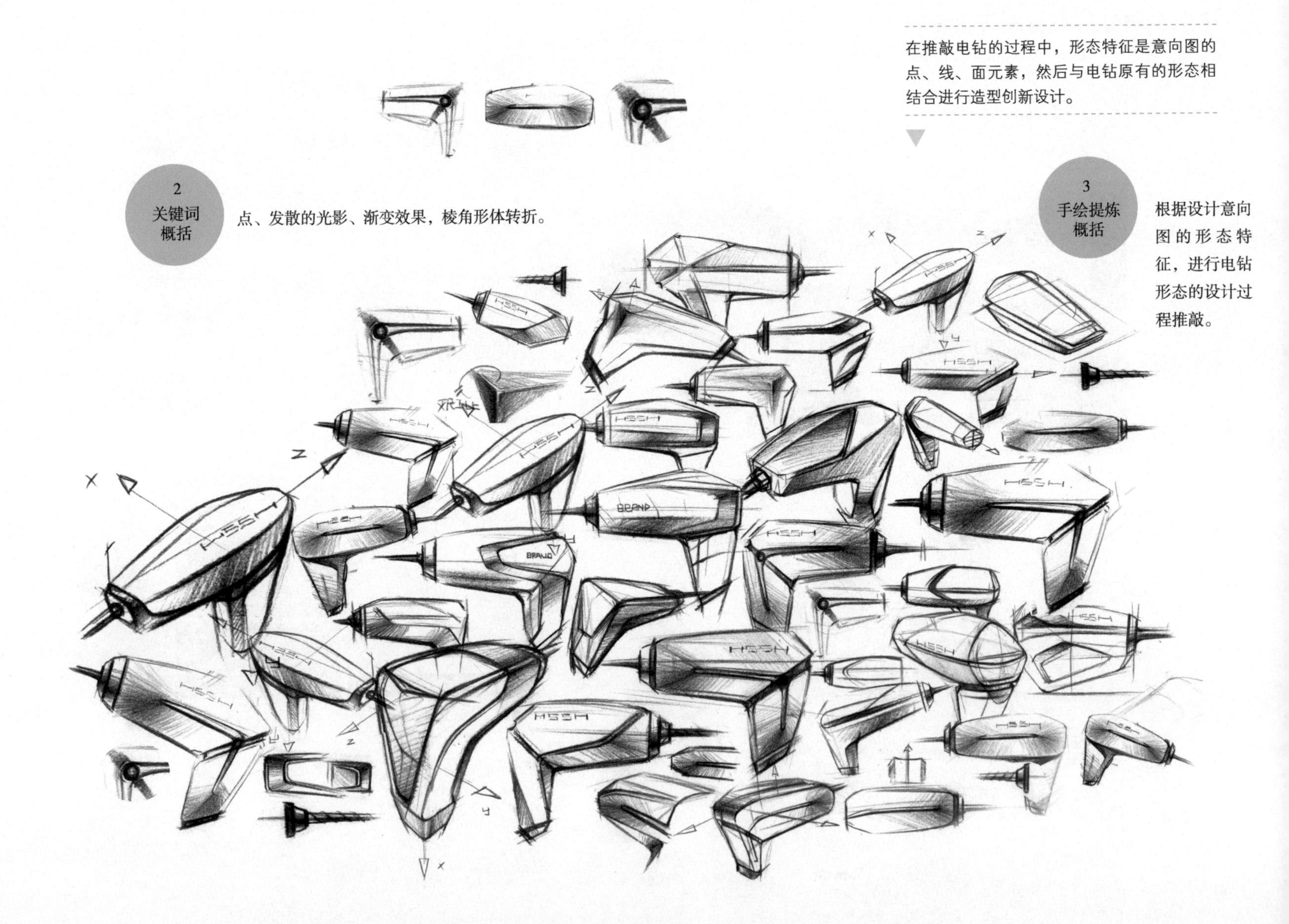

4
PS二维渲染

对比较满意的形态造型进行二维渲染优化产品细节，完善整体设计。

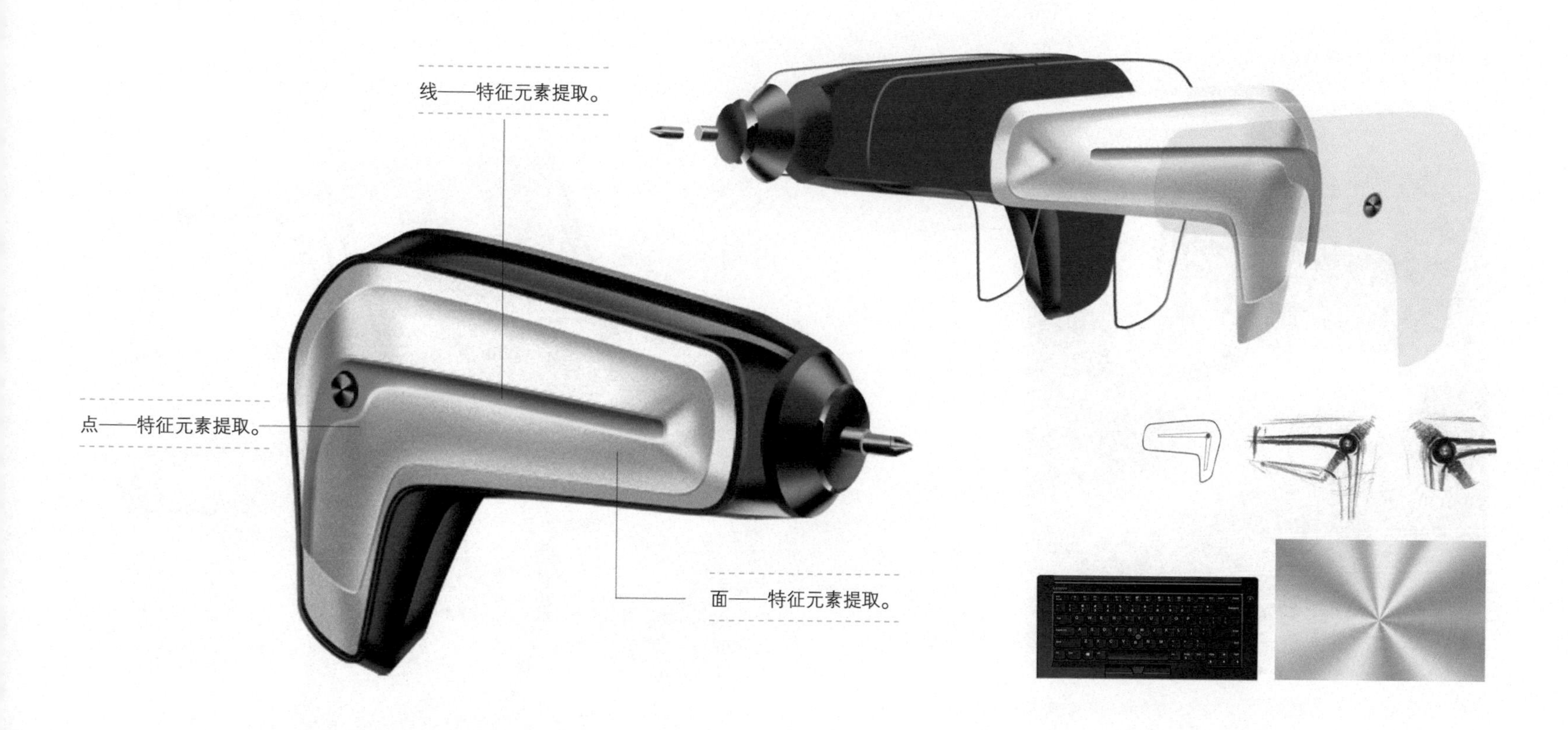

5.2.6 音箱形态提取概念设计

1
感官素材

素材为概念产品局部细节特征。

2
关键词概括

硬朗、冷峻。

3
手绘提炼概括

提取特征形态与音响功能相结合，在造型形态设计上，特征元素明显，并且符合产品站立的功能需求。

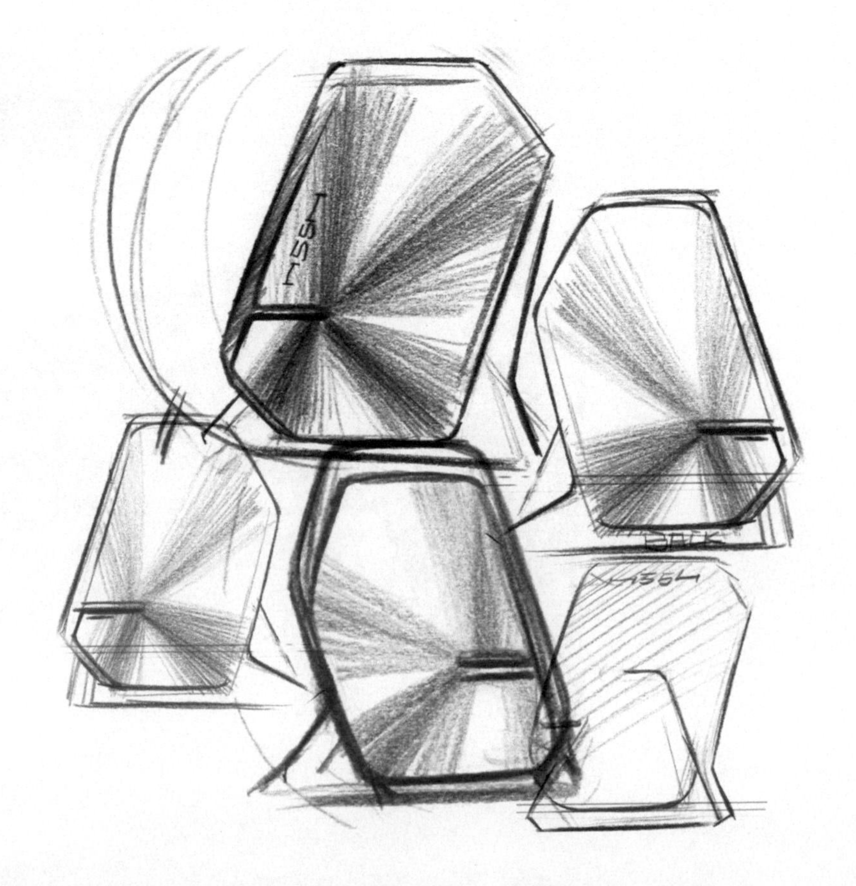

5.2.7 音箱形态创新概念草图设计

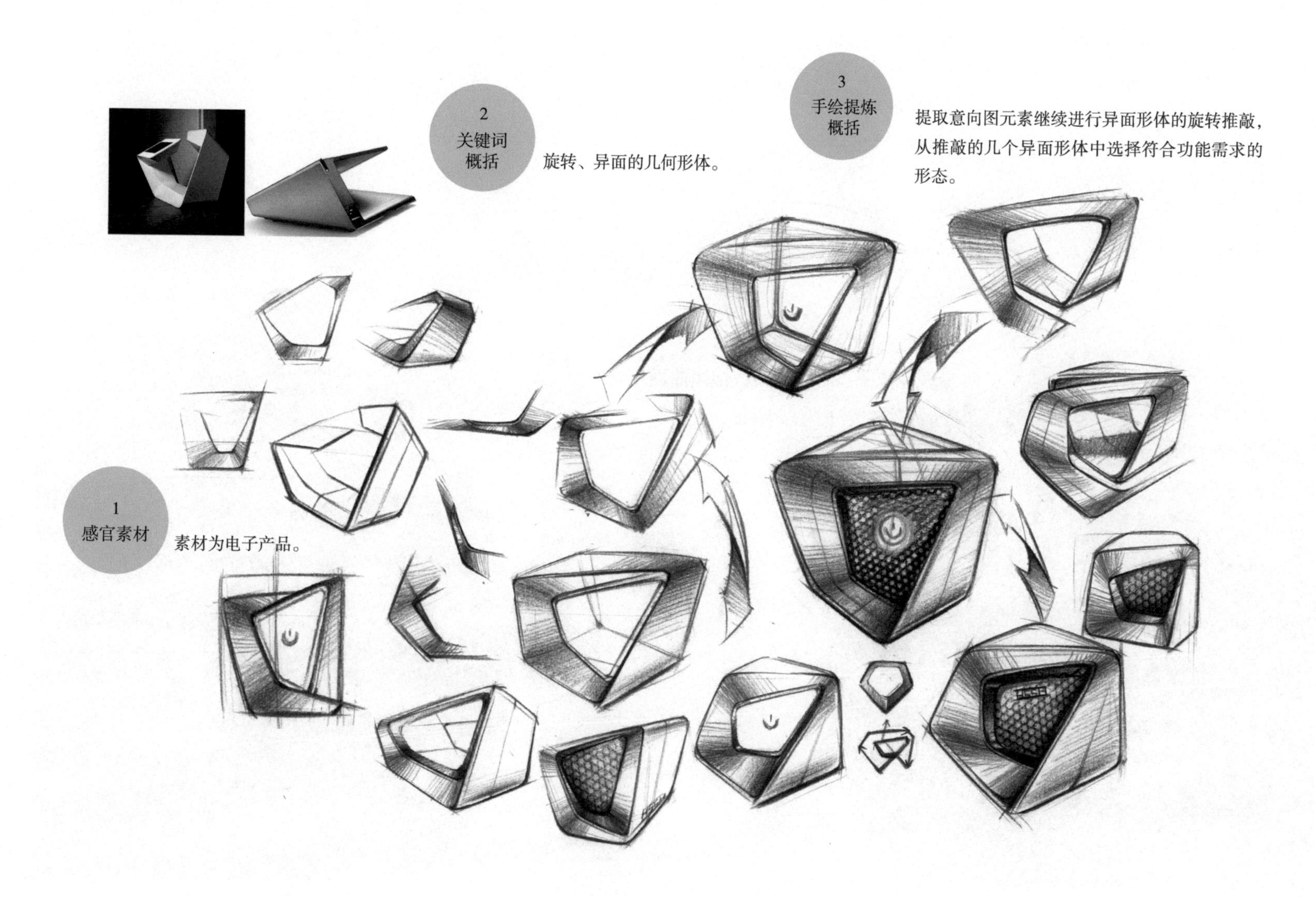

5.3 圆润、温和感造型元素提炼

此类造型主要表现出如下特征。

形态语言特征：曲线、圆、饱满曲面。

色彩语言特征：白色、明亮、柔和等。

材料及工艺特征：塑料、陶瓷、木、织物。

5.3.1 移动电源设计

1
感官素材

素材为鹅卵石。

2
关键词
概括

圆润、曲面、温和。

根据设计意向图的形态特征，进行移动电源的设计过程推敲。

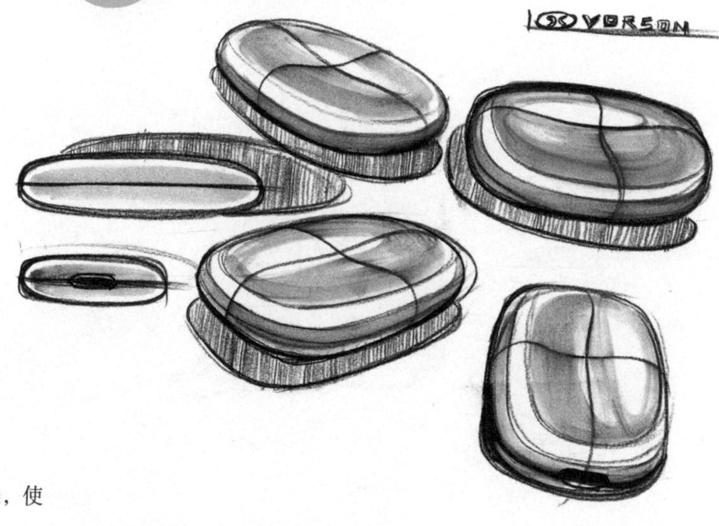

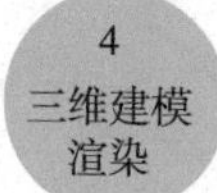

通过三维建模渲染，使产品更接近实物。

5.3.2 蓝牙耳机形态提取概念设计

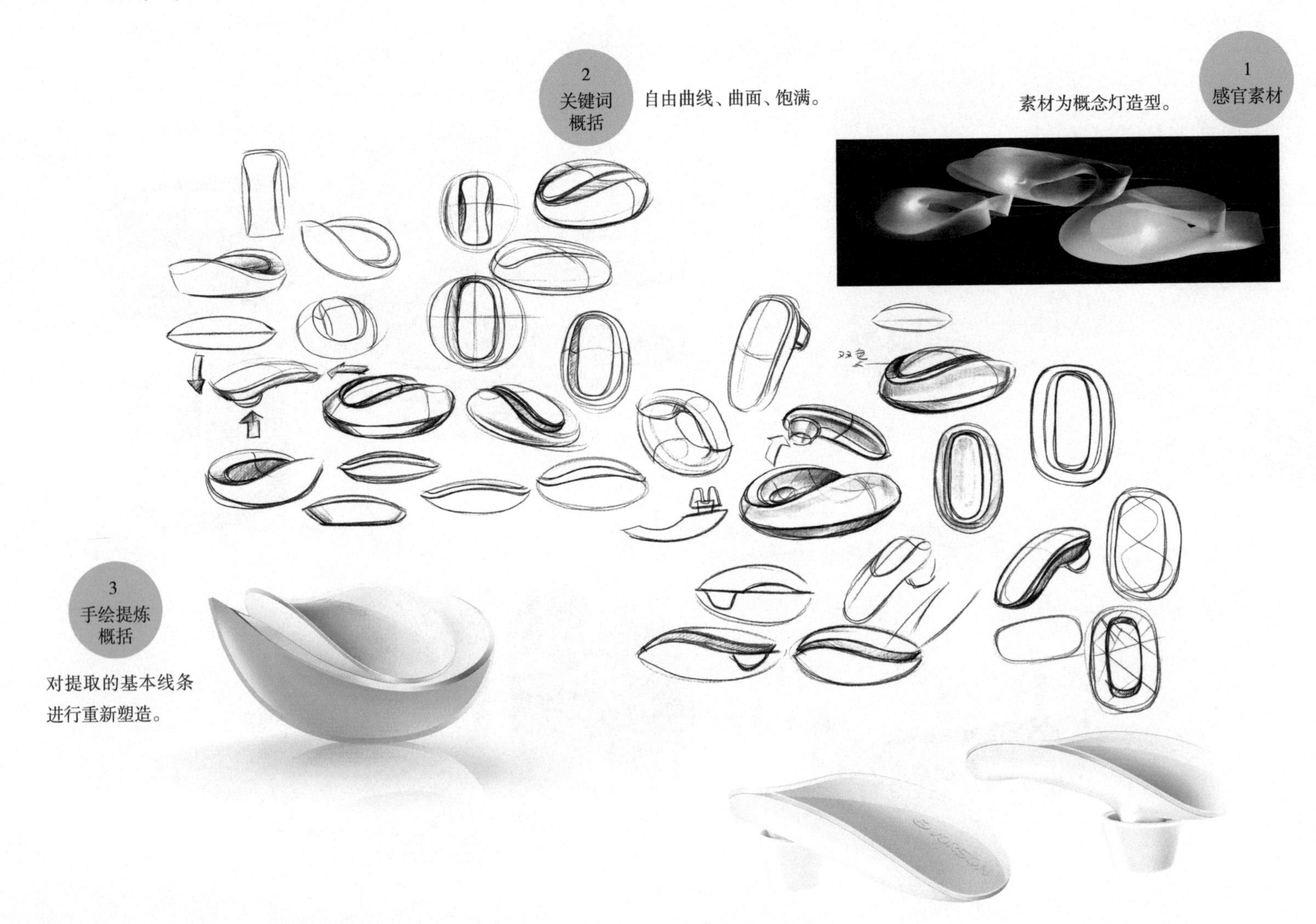

5.3.3 概念汽车设计

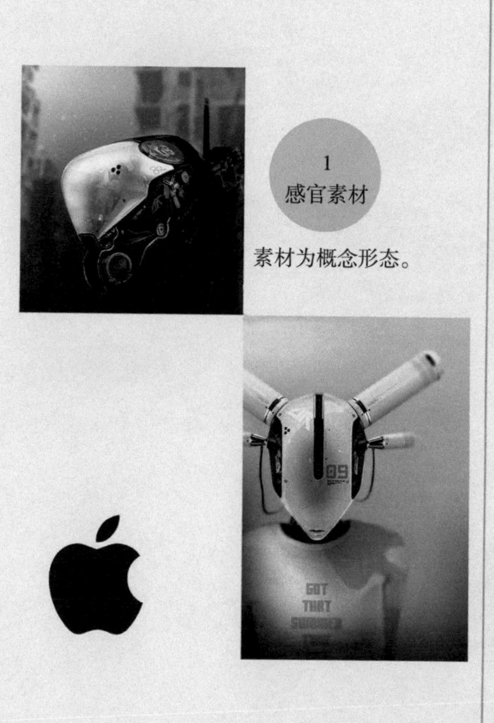

1
感官素材

素材为概念形态。

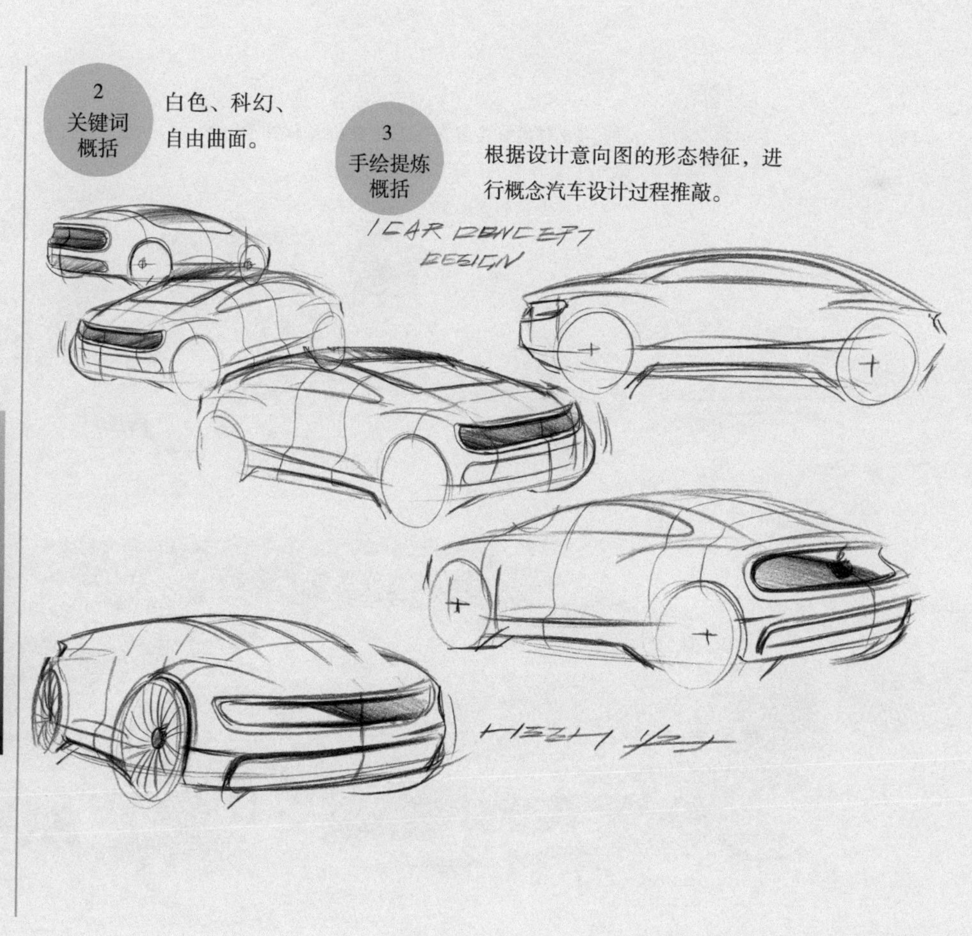

2
关键词概括

白色、科幻、自由曲面。

3
手绘提炼概括

根据设计意向图的形态特征，进行概念汽车设计过程推敲。

4
PS 二维
渲染

通过 PS 对最终方案进行二维渲染，软件绘制效果比手绘效果更加细腻，更具表现力。

5.4 运动、厚重感造型元素提炼

此类造型主要表现出如下特征。

形态语言特征：重复的线条、节奏、纹理。

色彩造型特征：橙色、绿色、蓝色、稳重。

材料及工艺特征：塑料、橡胶漆、晒纹。

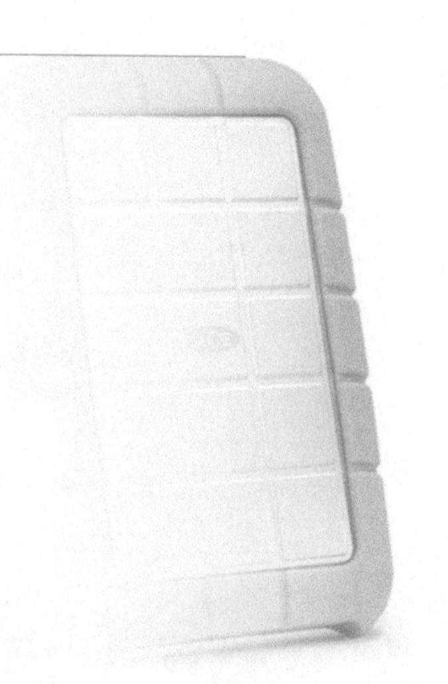

5.4.1 蓝牙音箱形态提取概念设计

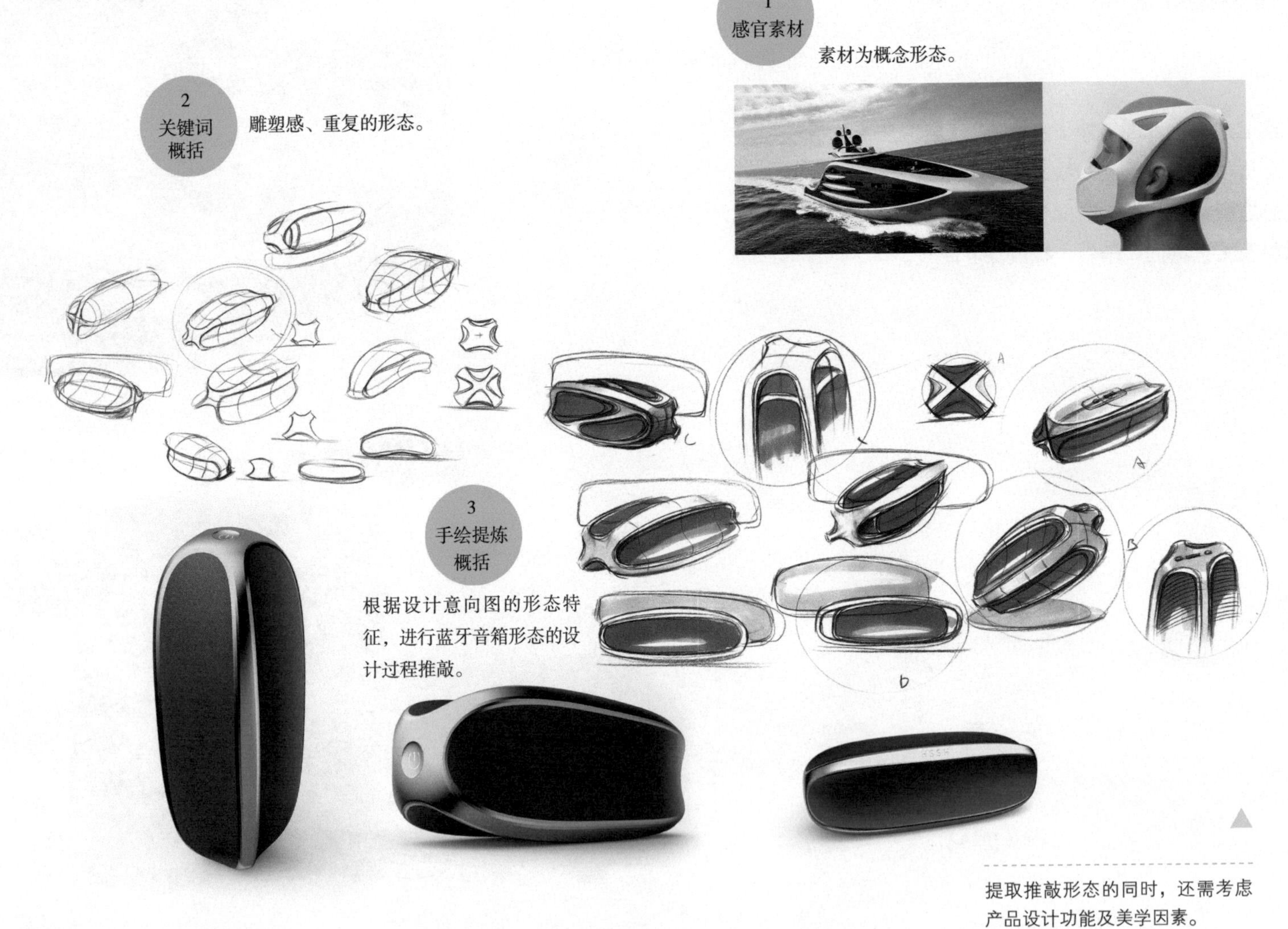

1 感官素材

素材为概念形态。

2 关键词概括

雕塑感、重复的形态。

3 手绘提炼概括

根据设计意向图的形态特征，进行蓝牙音箱形态的设计过程推敲。

▲

提取推敲形态的同时，还需考虑产品设计功能及美学因素。

5.4.2 电动剃须刀形态提取概念设计

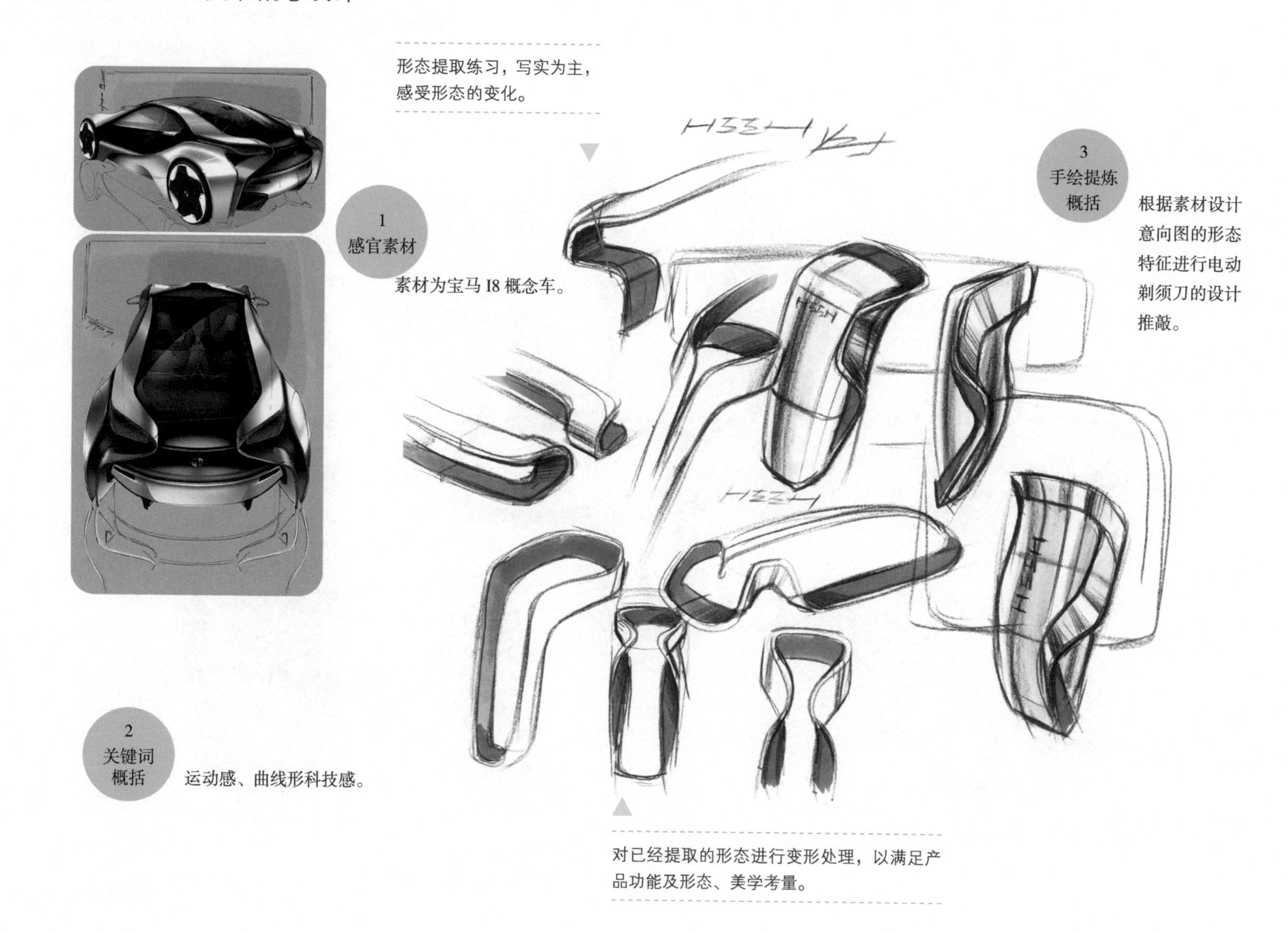

形态提取练习，写实为主，感受形态的变化。

1 感官素材

素材为宝马 I8 概念车。

2 关键词概括

运动感、曲线形科技感。

3 手绘提炼概括

根据素材设计意向图的形态特征进行电动剃须刀的设计推敲。

对已经提取的形态进行变形处理，以满足产品功能及形态、美学考量。

不同方案、形态尺寸等设计考量与推敲，验证设计的可行性。

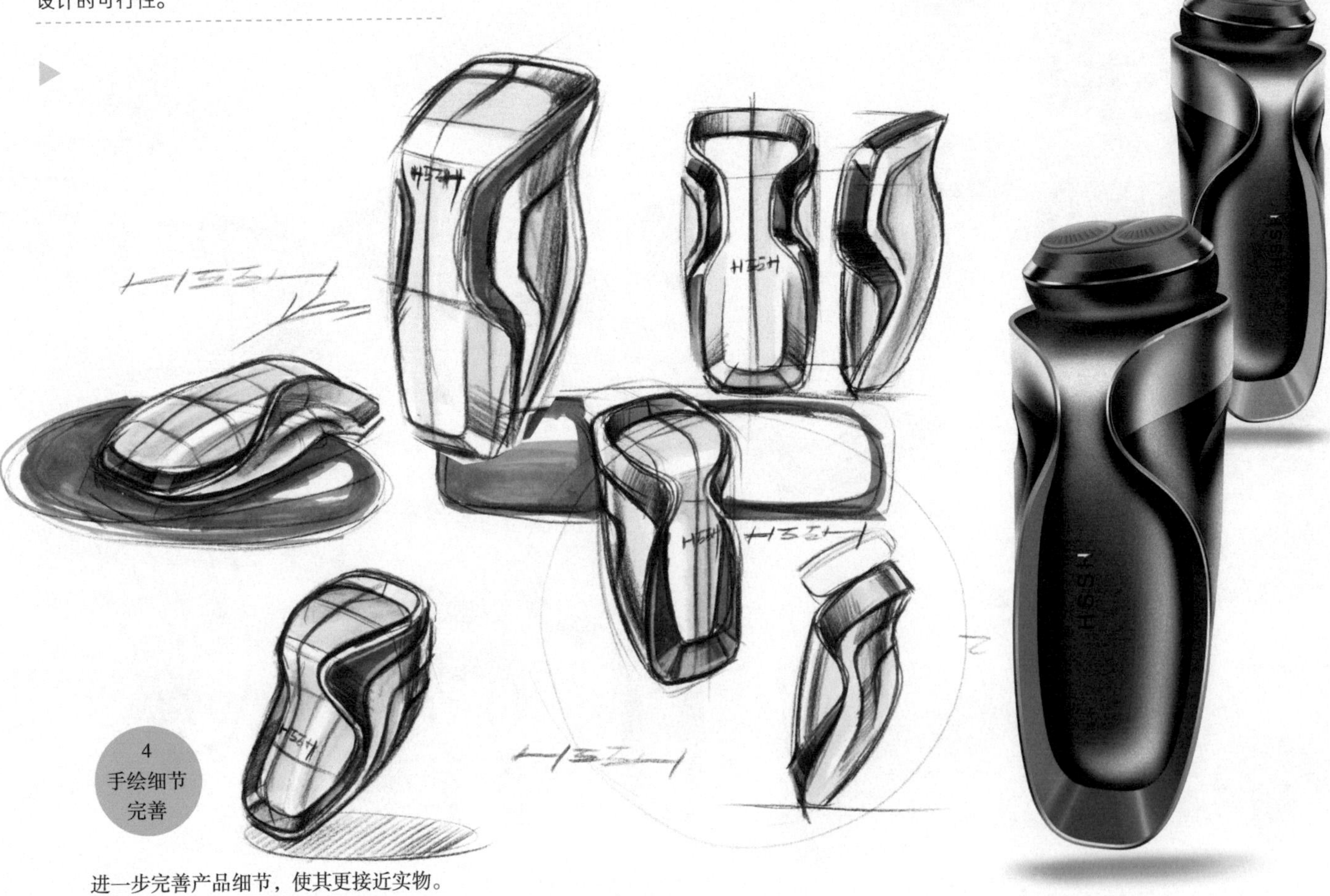

4
手绘细节完善

进一步完善产品细节，使其更接近实物。

5
PS 二维渲染

最终方案通过 PS 二维渲染来实现，软件绘制效果能表现出更加细腻的效果，使产品表现力更强。

5.4.3 沃尔沃概念车形态提取概念设计

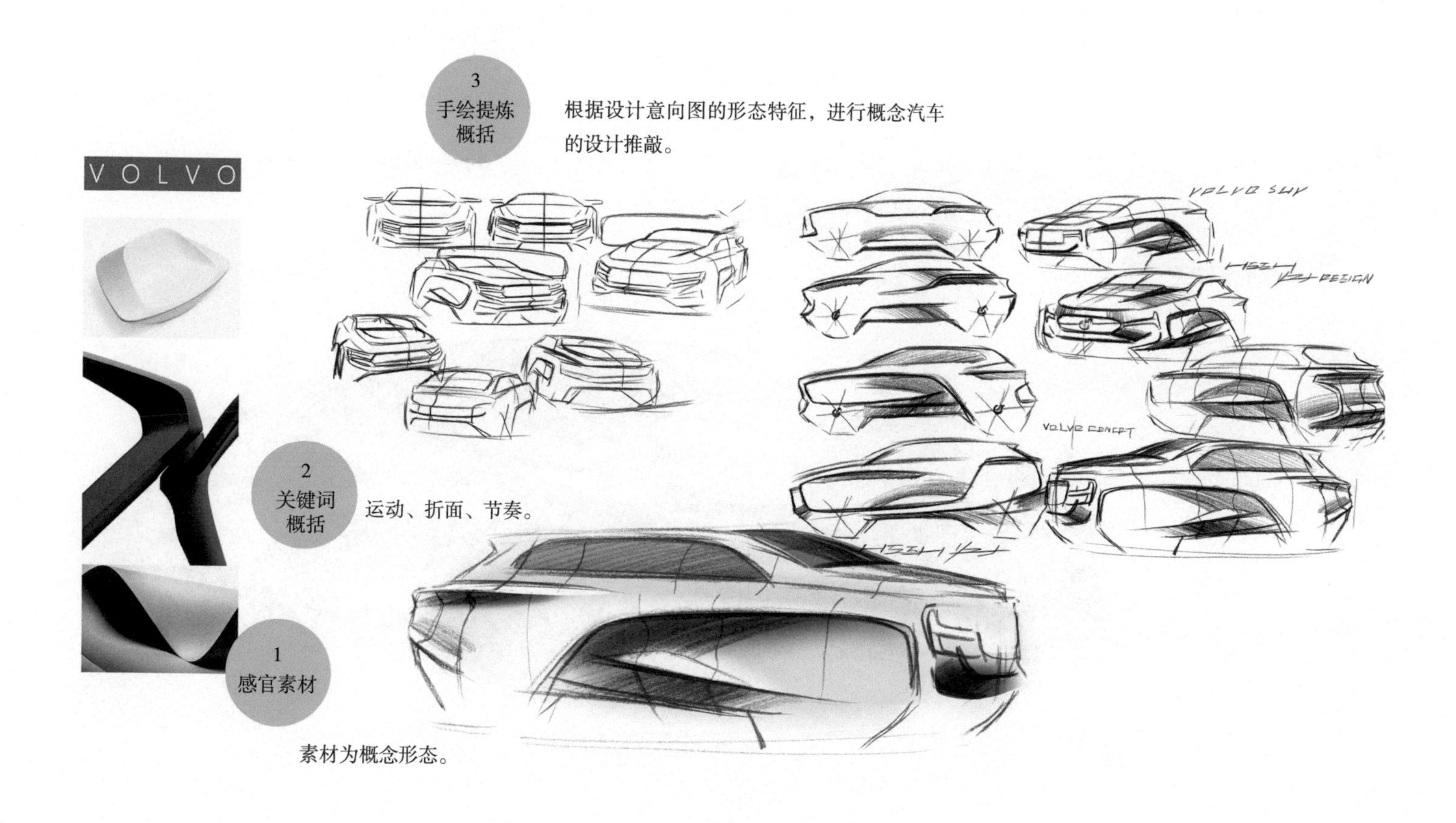

从不同的角度来表现产品，使产品呈现出不同的一面。

标准汽车渲染前 45 度表现。

标准汽车渲染后45度表现，通过前后45度两个角度全面展示汽车的设计。

4
PS 二维渲染

通过 PS 对最终方案进行二维渲染，软件绘制效果比手绘效果更加细腻，表现力更强。

5.4.4 凯迪拉克 SUV 形态提取概念设计

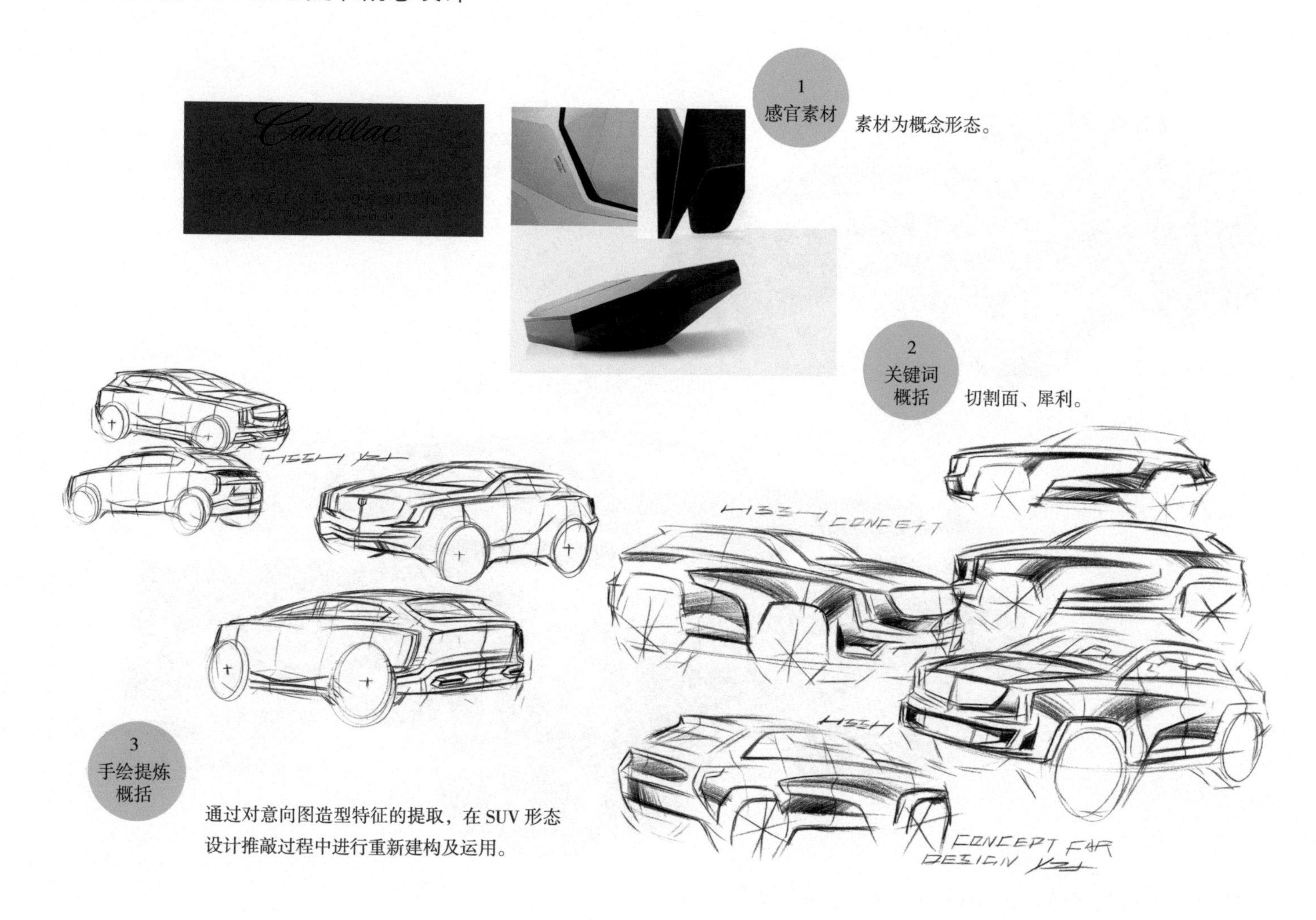

1 感官素材

素材为概念形态。

2 关键词概括

切割面、犀利。

3 手绘提炼概括

通过对意向图造型特征的提取，在 SUV 形态设计推敲过程中进行重新建构及运用。

4
PS 二维渲染

最终方案通过 PS 二维渲染来实现，软件绘制效果能表现出更加细腻的效果，表现力更强。

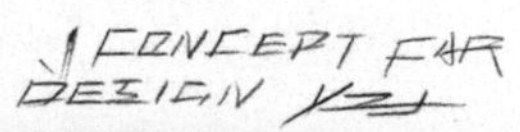

通过不同的角度对产品进行展示，能突出产品更多的细节特征。

5.4.5 英菲尼迪概念车形态提取概念设计

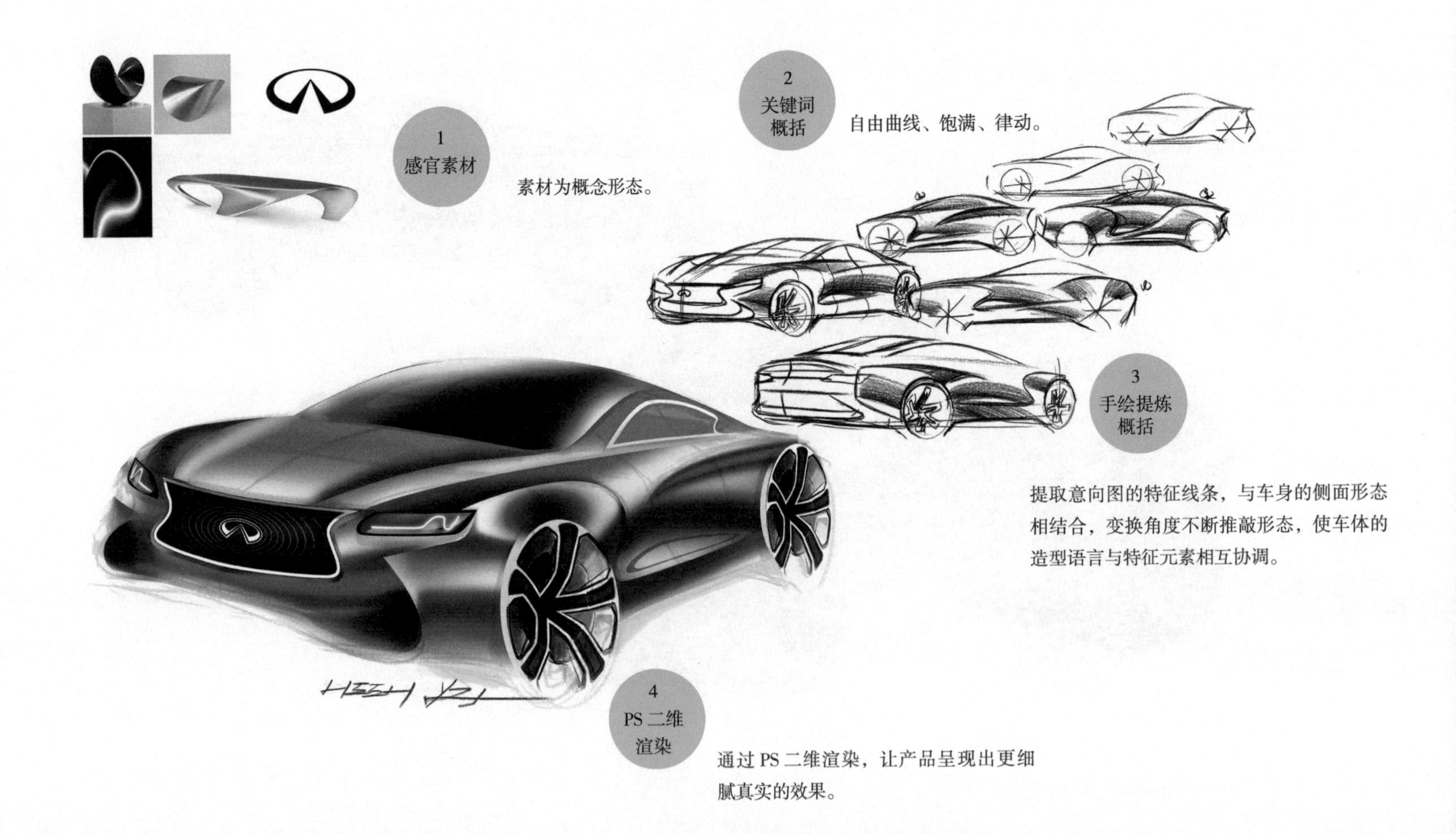

软件绘制效果呈现出与手绘效果不同的一面，增强了产品的表现力。

多角度展示产品的全貌，让设计和造型表现更充分。

5.5 有机形体、仿生形态造型元素提炼

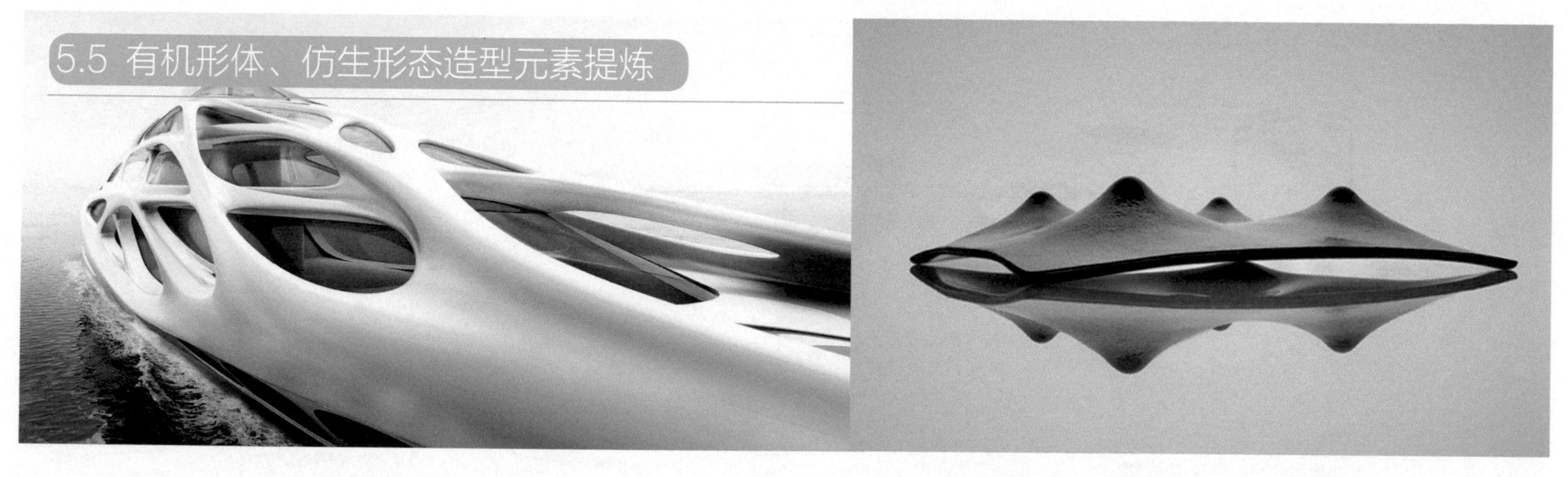

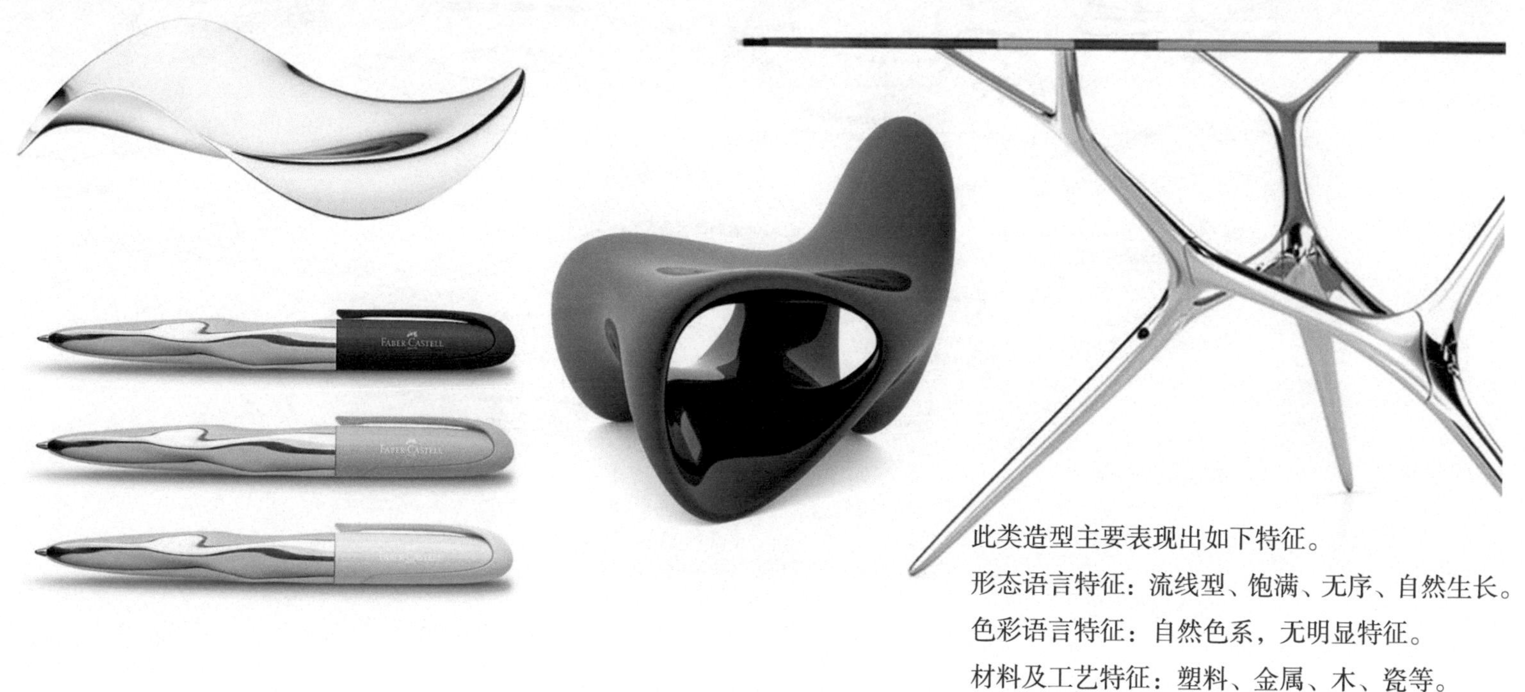

此类造型主要表现出如下特征。

形态语言特征：流线型、饱满、无序、自然生长。

色彩语言特征：自然色系，无明显特征。

材料及工艺特征：塑料、金属、木、瓷等。

5.5.1 概念车造型元素提炼

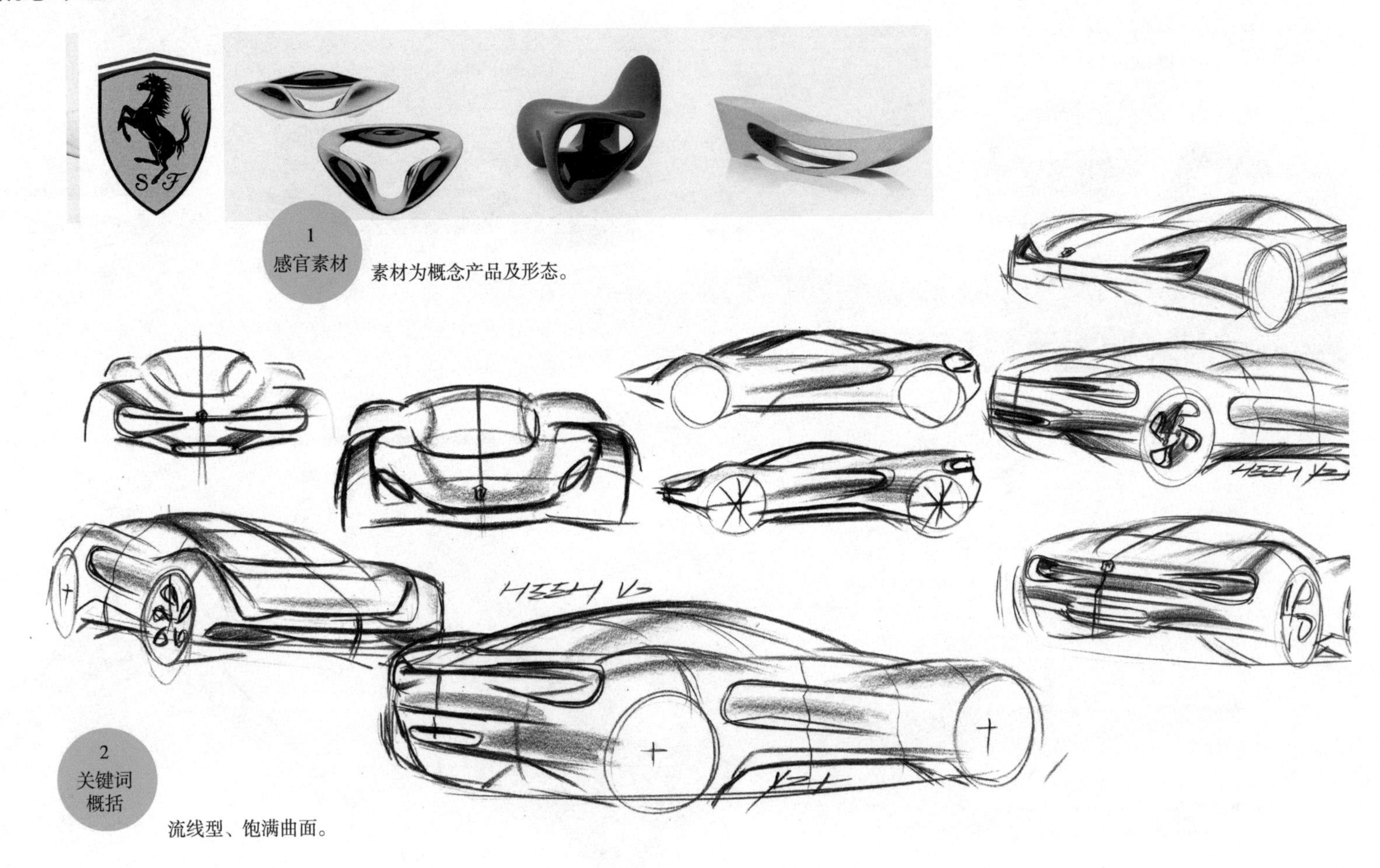

1 感官素材

素材为概念产品及形态。

2 关键词概括

流线型、饱满曲面。

通过对意向图造型特征的提取，在概念汽车形态设计推敲过程中进行重新建构及运用。

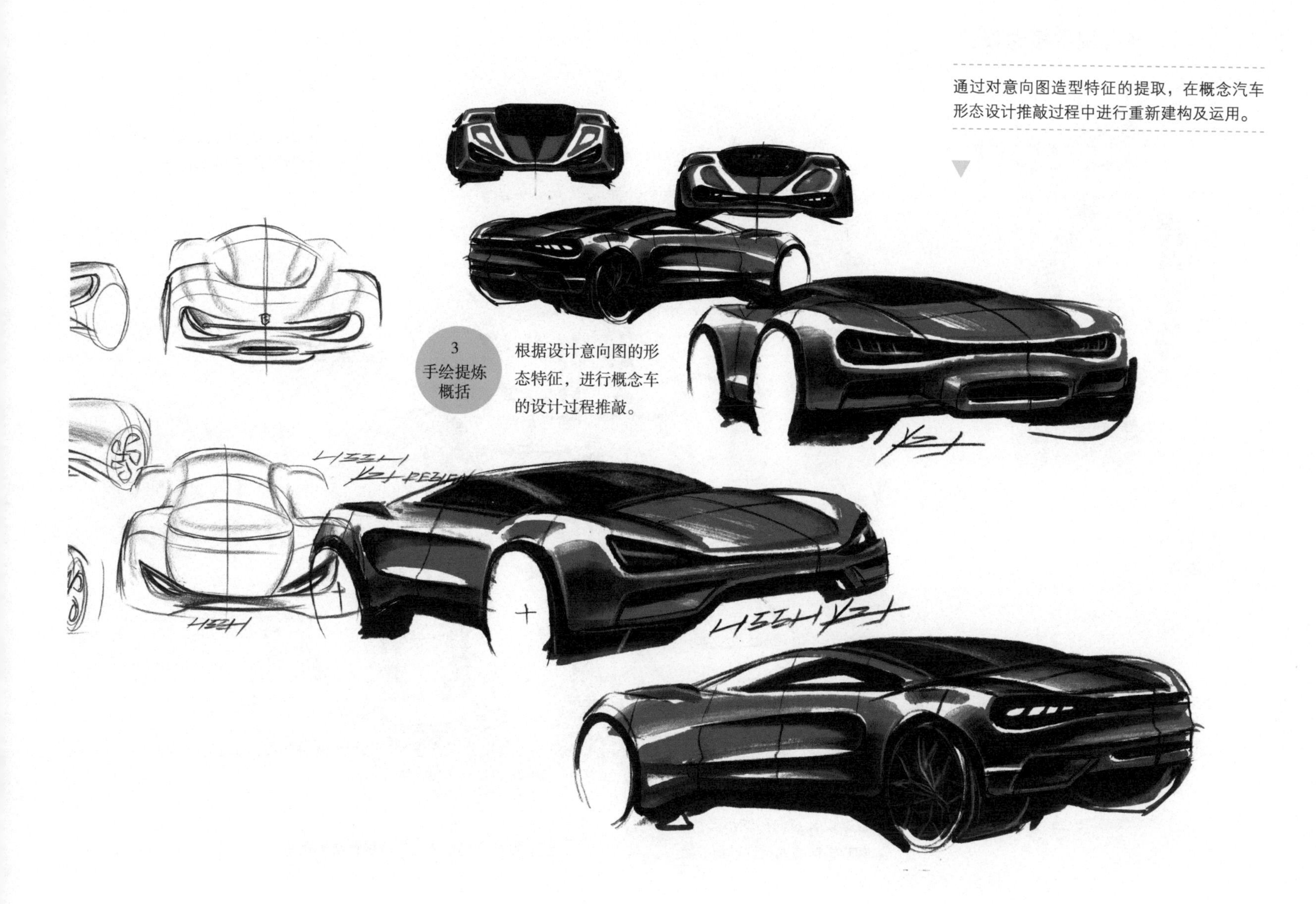

3
手绘提炼概括

根据设计意向图的形态特征，进行概念车的设计过程推敲。

5.5.2 咖啡机形态提取概念设计

1 感官素材

素材为概念产品形态。

2 关键词概括

雕塑感、流线型。

3 手绘提炼概括

根据设计意向图的形态特征，进行咖啡机形态的设计过程推敲。

形态提取训练以写实为主，感受形态的变化。

对形态进行概括提取，此时尽量满足设计目标的外观需求。

提取特征结构以满足产品设计功能需求。

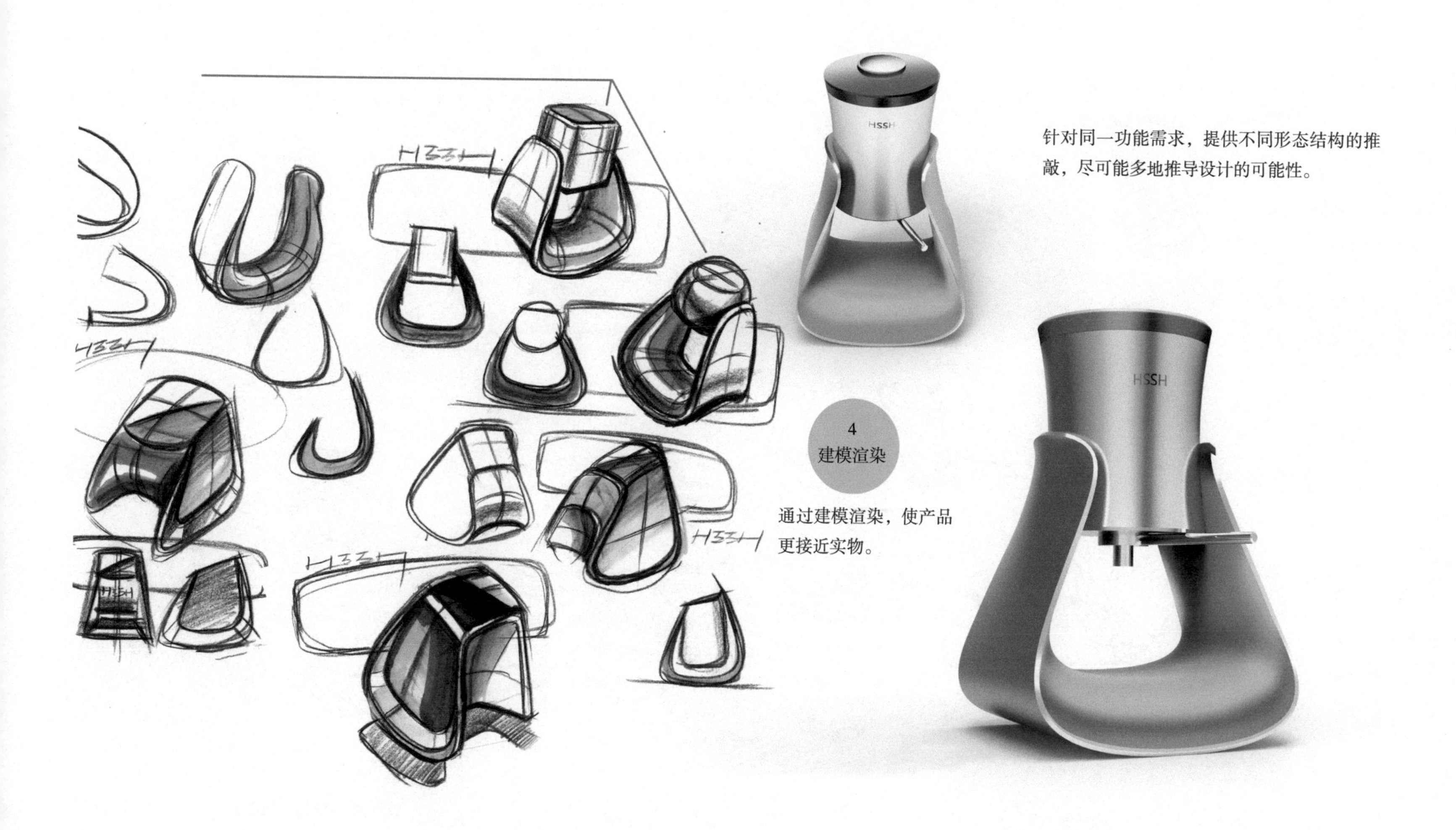

针对同一功能需求，提供不同形态结构的推敲，尽可能多地推导设计的可能性。

4
建模渲染

通过建模渲染，使产品更接近实物。

5.6 优秀学员作品欣赏

黄山手绘　形导思维优秀学员作品欣赏 1

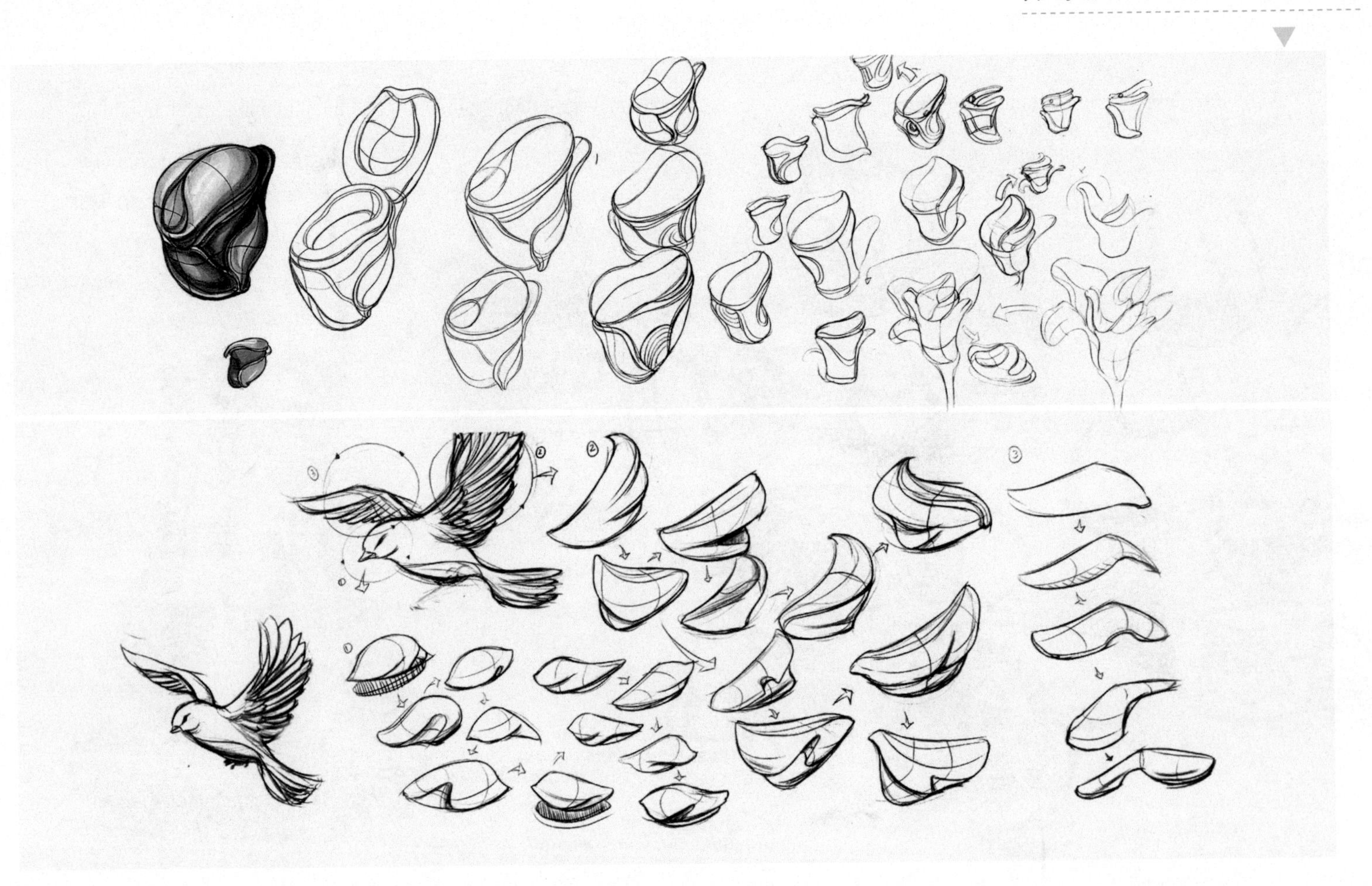

整个造型设计从一个具体物体开始推演，推敲过程变化多样，思维较为开阔，为后续结果提供了很多可能性，做到了从 1 到 N 的形态裂变。

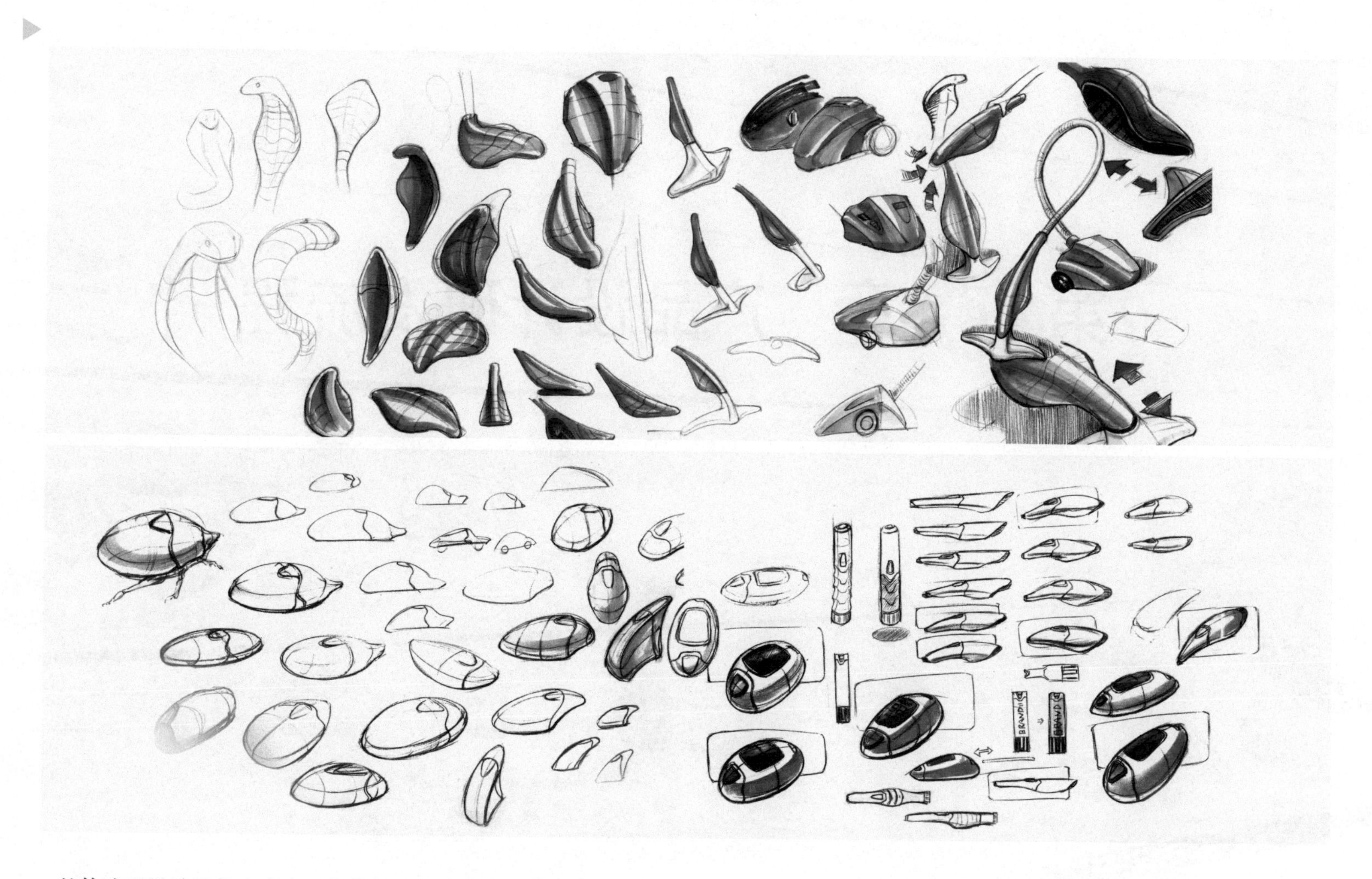

整体造型设计以仿生为主，充分考虑了仿生对象和产品功能形态的相似性，并在形态的推演过程中做到了形式和功能的高度契合。

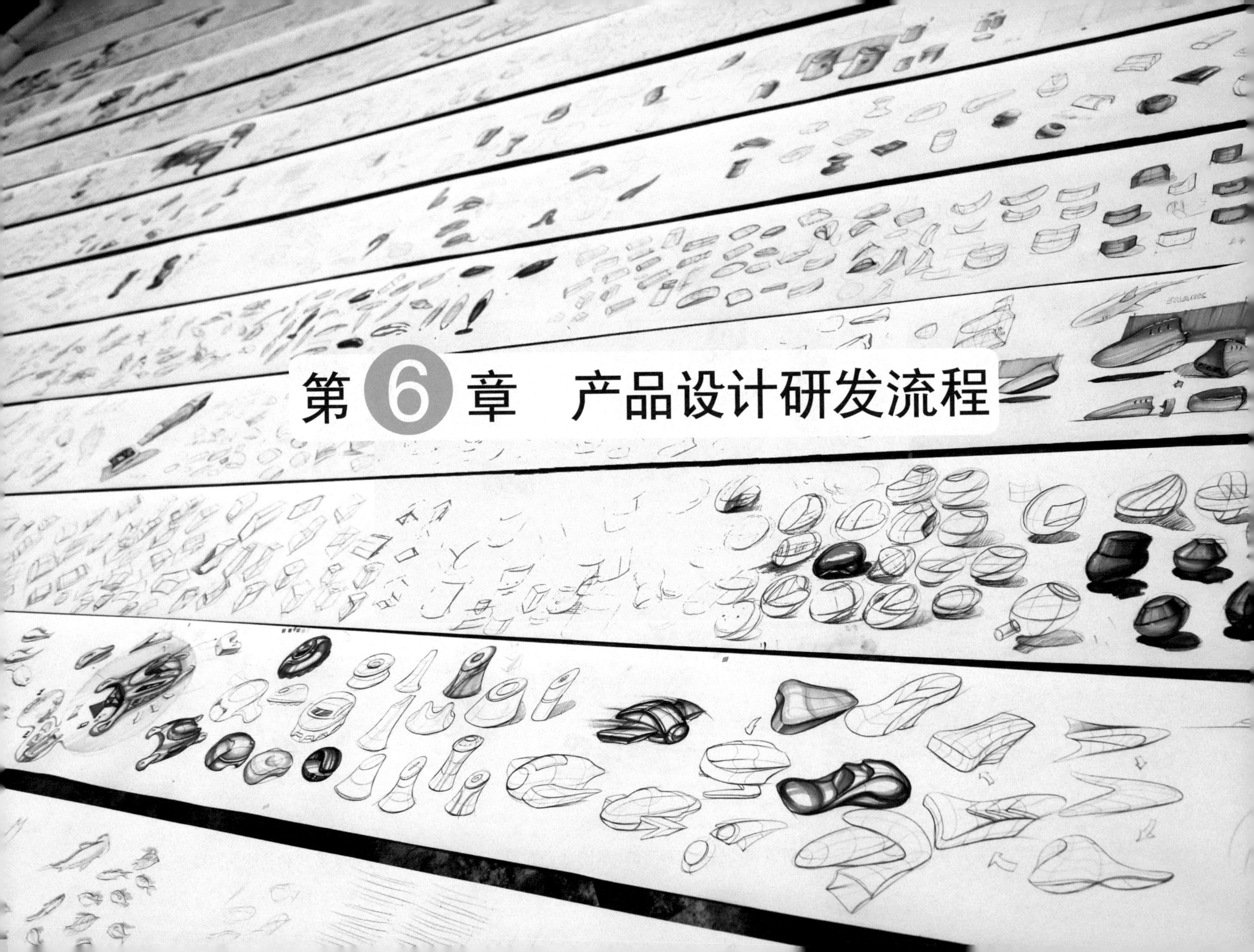

第6章 产品设计研发流程

6.1 市场调研 / 设计定位

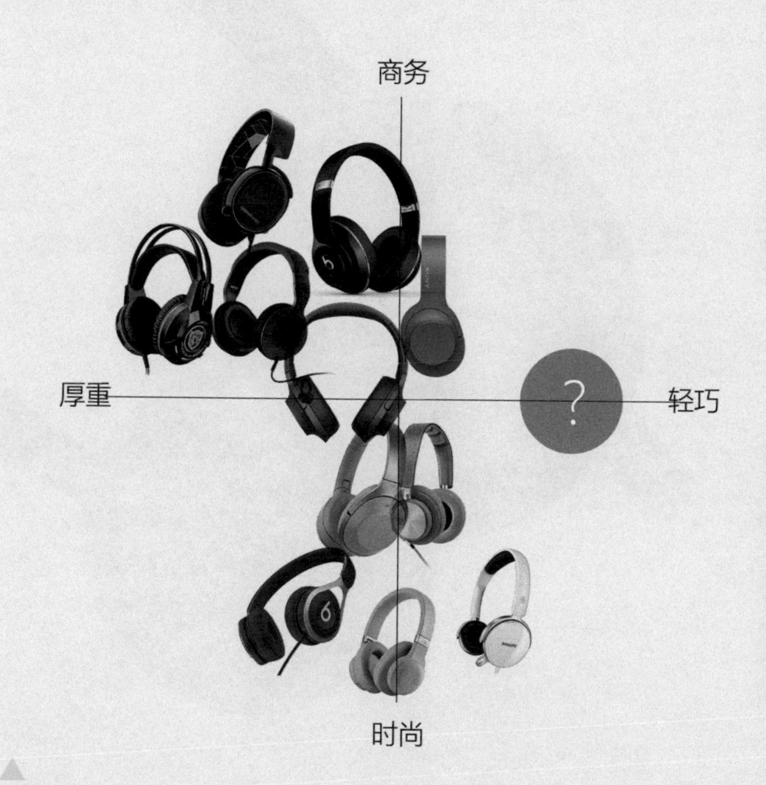

市场调研：通过对相关竞品设计风格调研分析，发现市场缺少轻巧风格产品，同时对竞争对手的产品、技术、价格、消费受众等多个维度做相关调研，为后续的产品设计定位提供帮助。

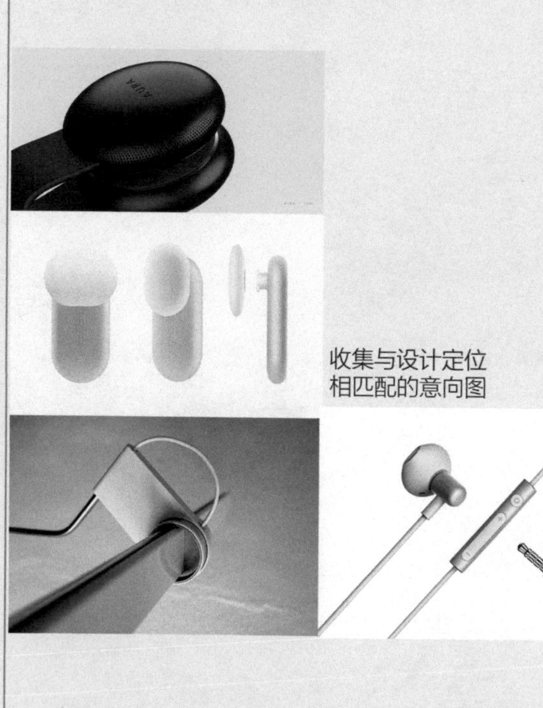

设计定位：根据市场调研分析结果，提炼出与设计定位相同的关键词，再根据关键词提炼出设计意向图的元素。

6.2 设计草图 /3D 建模

设计草图：根据选定的风格元素进行前期草图设计。

3D 建模：对最终细化的设计方案进行 3D 建模，通过计算机辅助设计软件验证设计的可行性。

6.3 手板打样 / 结构设计、量产

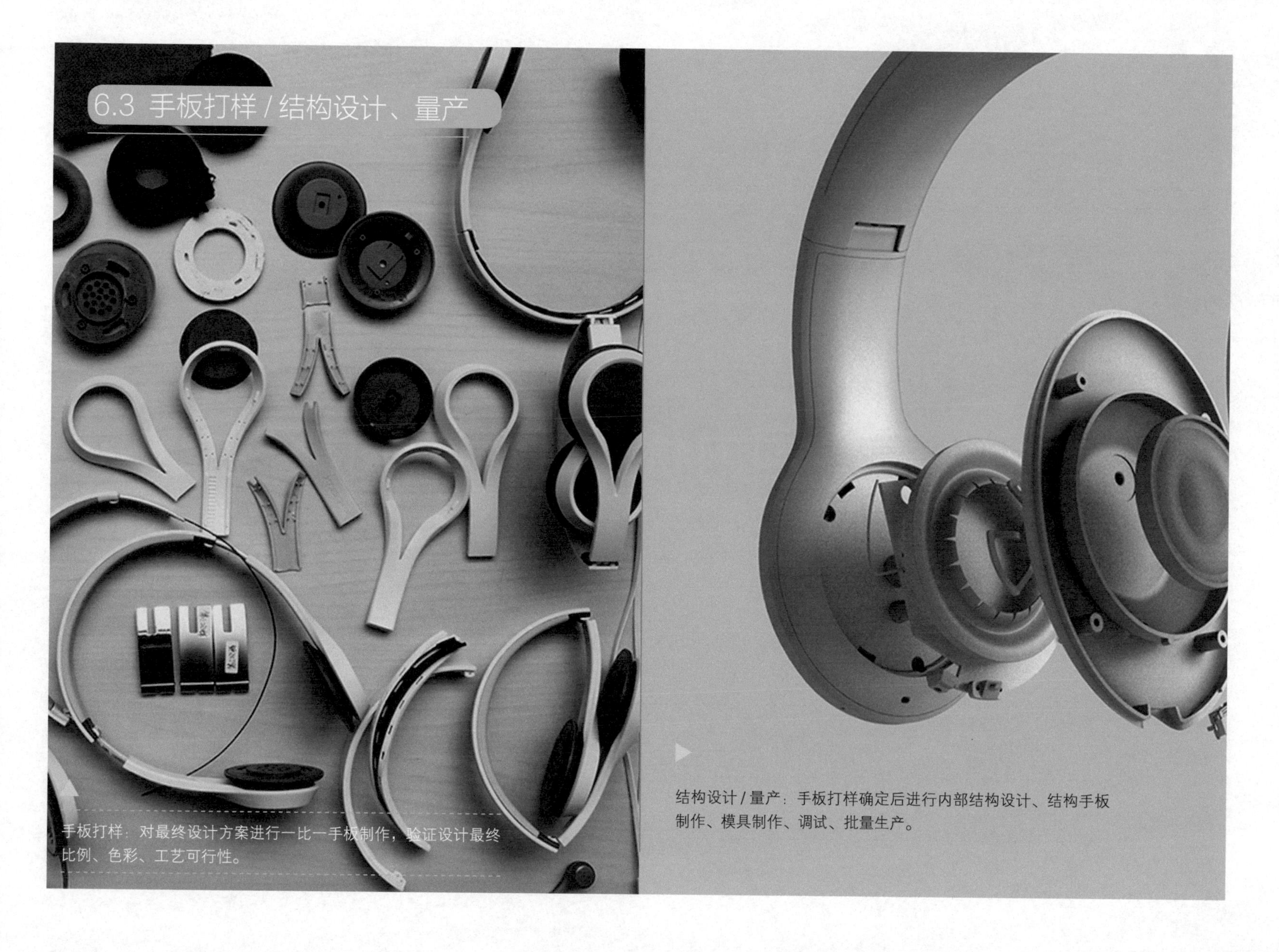

手板打样：对最终设计方案进行一比一手板制作，验证设计最终比例、色彩、工艺可行性。

结构设计 / 量产：手板打样确定后进行内部结构设计、结构手板制作、模具制作、调试、批量生产。

第 7 章　国内优秀设计公司案例赏析

360

7.1 360 无线路由器设计

设计公司：

深圳上善工业设计有限公司

生产商：奇虎 360

7.1.1 市场调研

通过对市场上现有产品进行调研分析，总结出产品的不足和消费者现阶段的需求。

7.1.2 设计定位 / 设计风格

确定圆润曲面形态的设计定位后，结合自然界实物带来的灵感，提出产品的设计方案。

7.1.3 设计草图

设计师通过设计草图的表现形式，对产品的概念、造型、使用方式等进行创作。

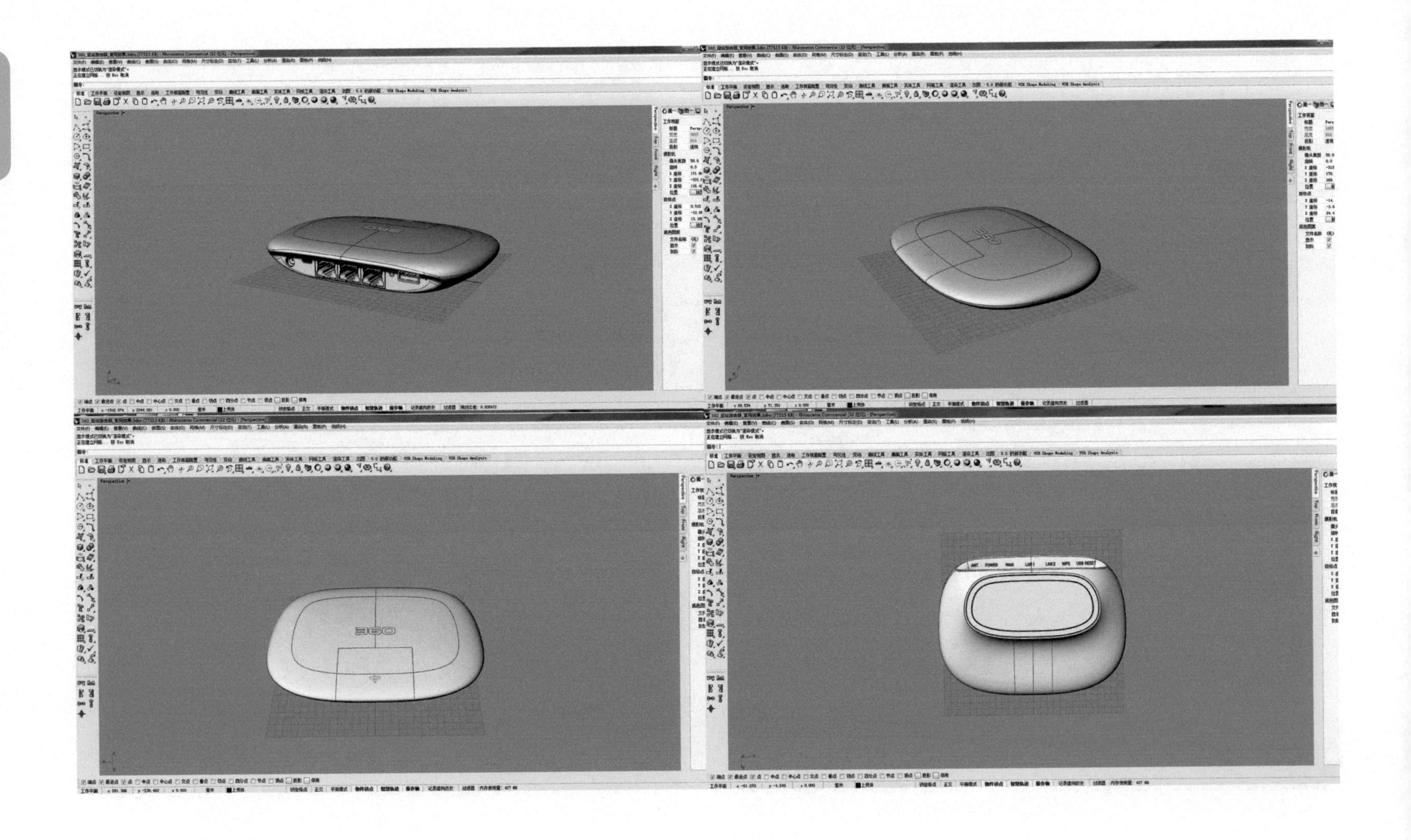

7.1.4 3D 建模

通过 CAD 软件，将设计想法转化为精确的 3D 视觉效果，确定产品的具体外观。

7.1.5 效果图

在 CAD 建模完成后，通过 KeyShot 软件渲染模仿真实环境，表达出产品要呈现的效果。

效果图

7.1.6 手板打样

用快速成型技术高效率、低成本地制作一比一的实物模型。

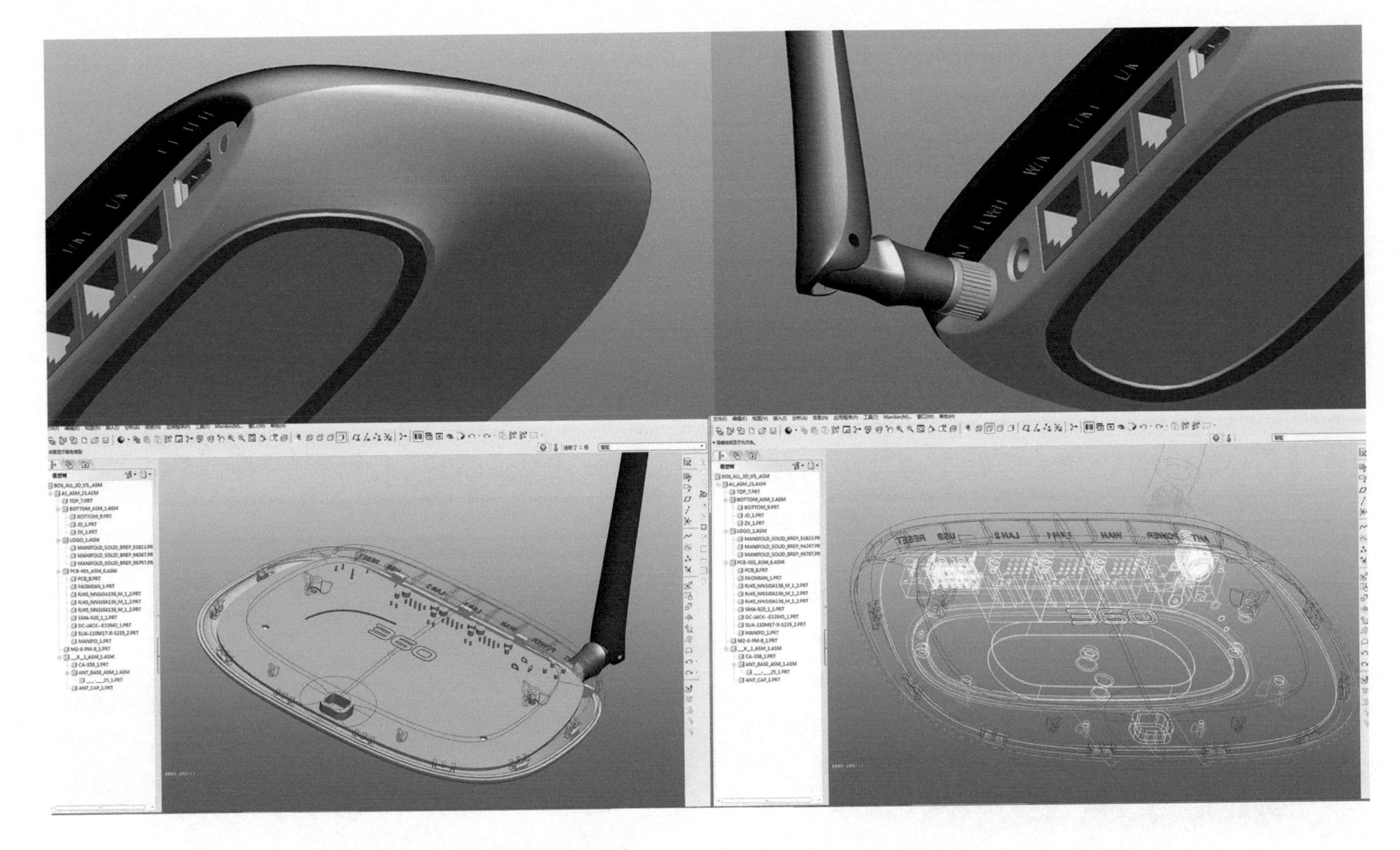

7.1.7 结构设计

作为产品设计的一部分，结构设计承载着设计的全部构想，合理的结构赋予产品隐形的内涵。

7.1.8 电路板

在不影响电路和成本的情况下，对主板表面露铜区域进行美化设计，更大限度地提升产品品牌形象。

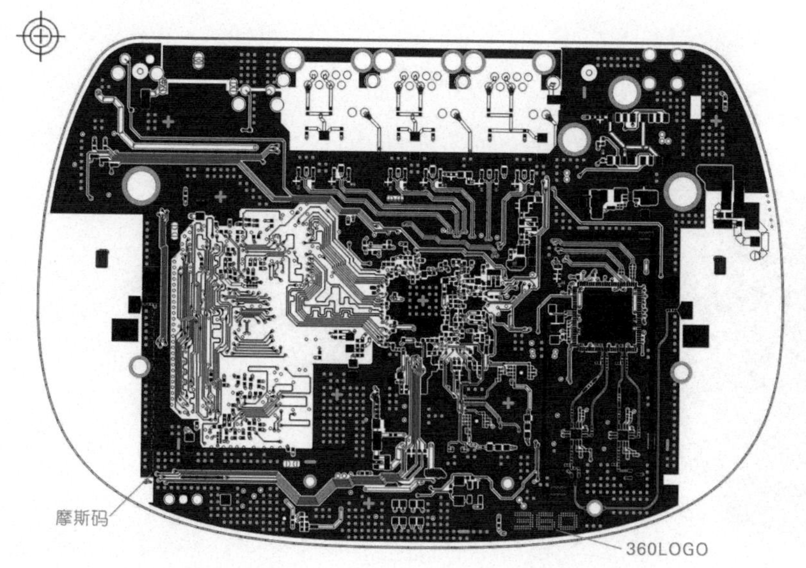

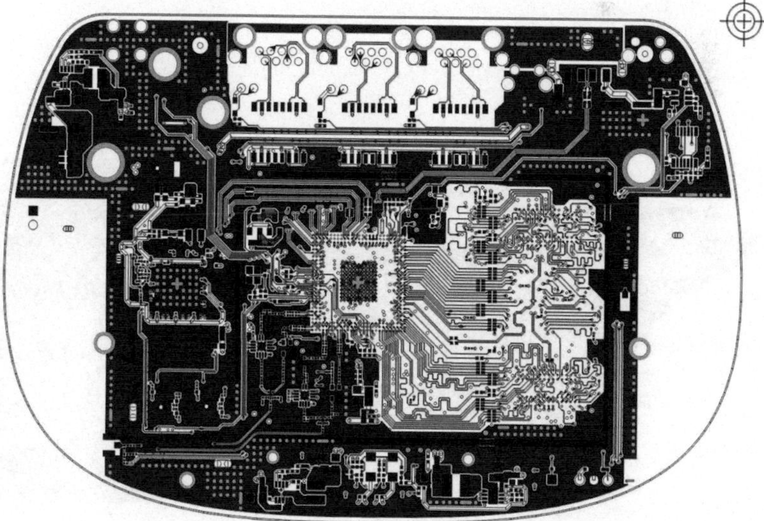

7.1.9 材料及工艺

产品的工艺设计是根据产品的功能、造型、使用人群和使用环境等方面因素，为产品生产所需要的资源投入、操作工艺和加工方法等进行合理的搭配设计。

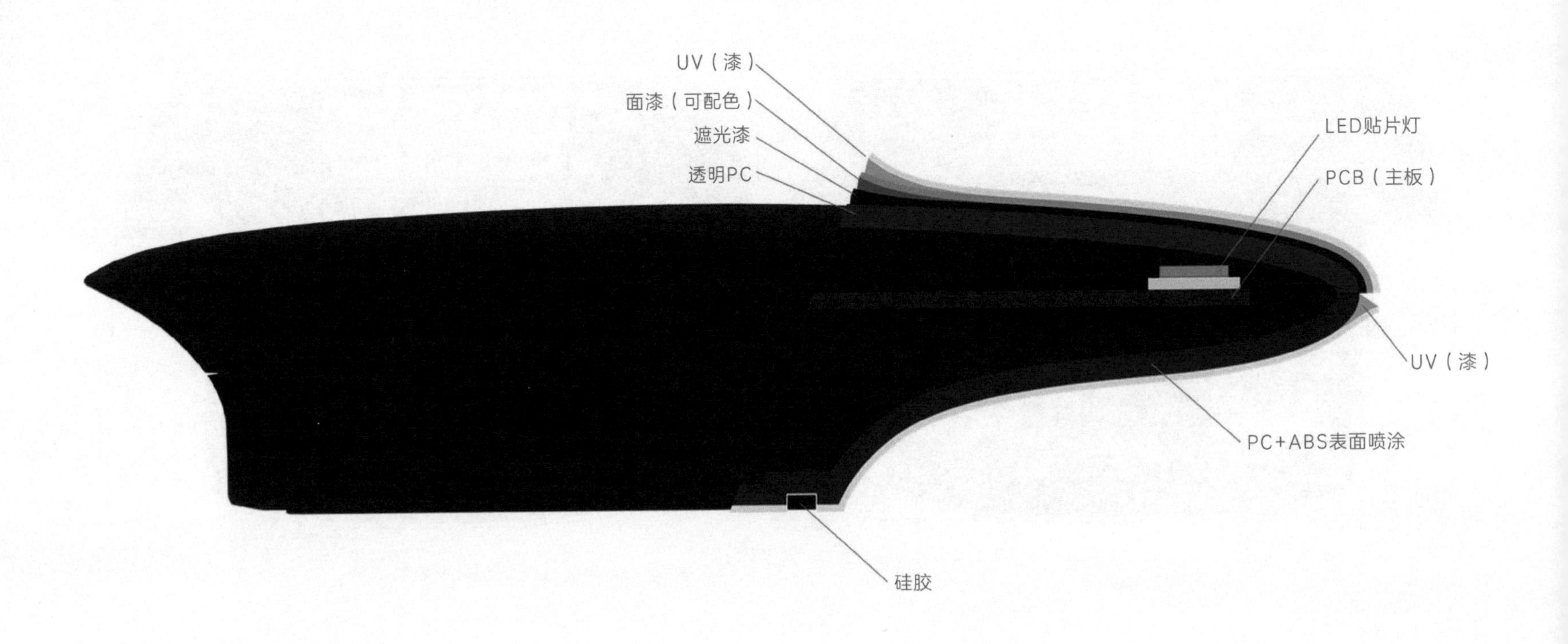

7.1.10 产品的丝印设计

产品丝印是根据产品的功能，造型，使用人群和使用环境等方面进行基本操作的图形设计，它能帮助用户快速了解产品。

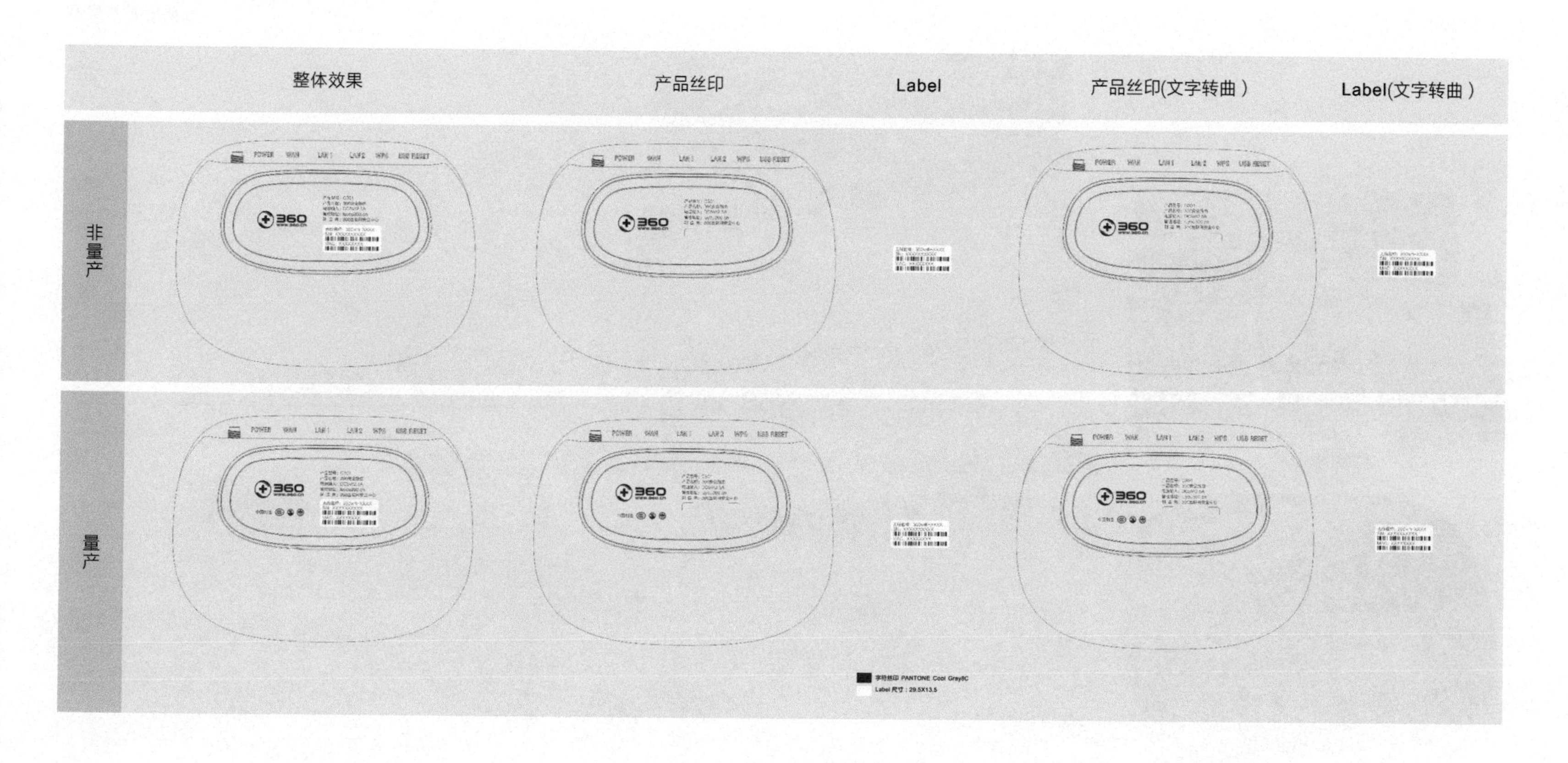

7.1.11 包装

扫码看扩展案例

作为工业设计的一部分，包装是品牌理念、产品特性、消费心理的综合反映。它直接影响到消费者的购买欲，是建立产品亲和力的有力手段。

7.2 IVS 蓝牙音箱设计

设计公司：深圳上善工业设计有限公司

生产商：深圳上善工业设计有限公司

7.2.1 市场调研

通过对市场上现有蓝牙音箱产品的分析，总结出产品不足的地方，并调研清楚消费者现阶段的需求。

7.2.2 设计定位 / 设计风格

结合自然界实物带来的灵感，提出产品的设计方案。

7.2.3 设计草图

设计师通过设计草图的表现形式对产品的概念、造型、使用方式等进行创作。

设计草图

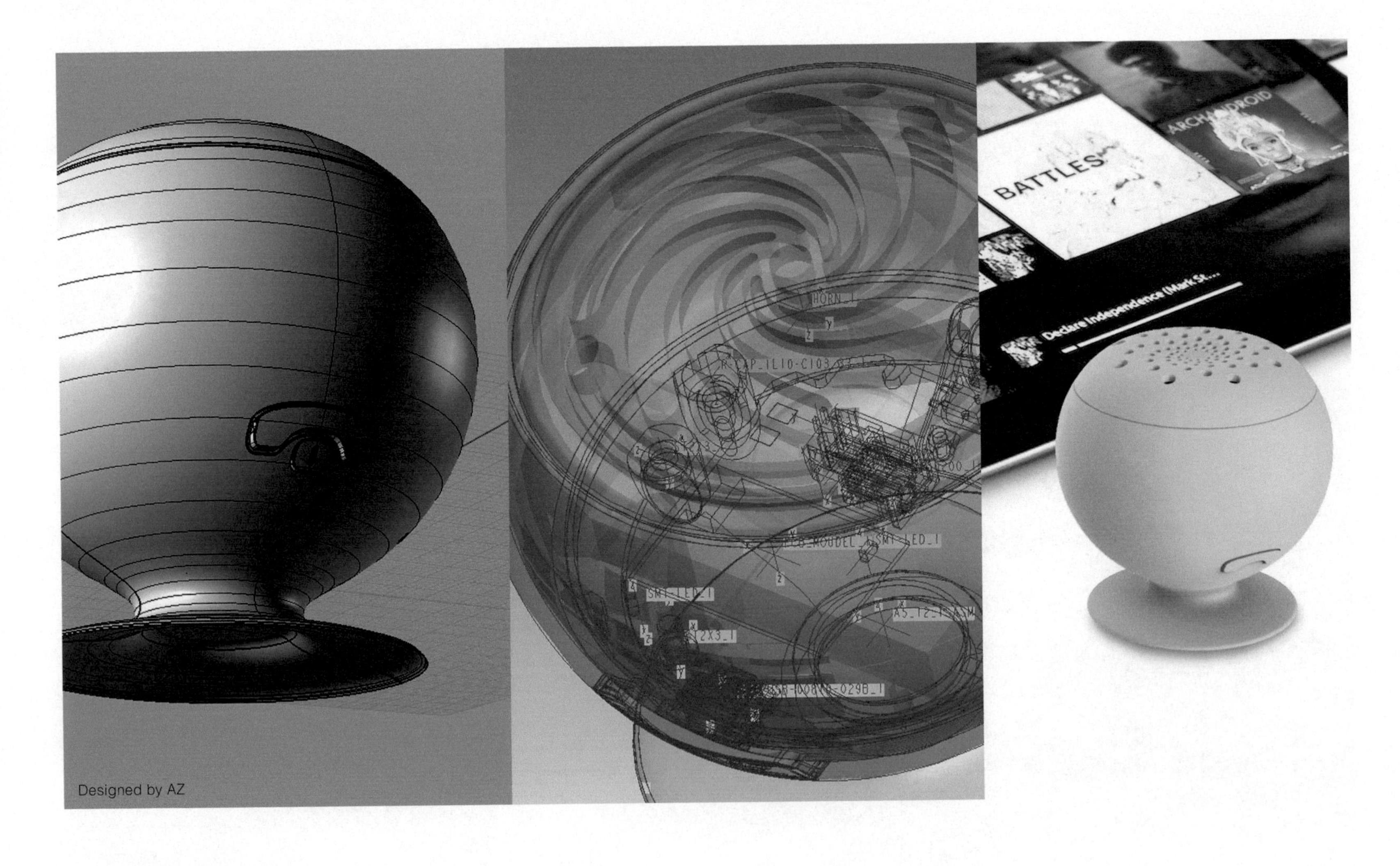

7.2.4 3D 建模

通过 CAD 软件，将设计想法转化为精准的 3D 视觉效果，确定产品的具体外观。

home
artists
albums
playlists
most playe
new
BATTLES
ARCHANDROID
Declare Independence (Mark St...

效果图

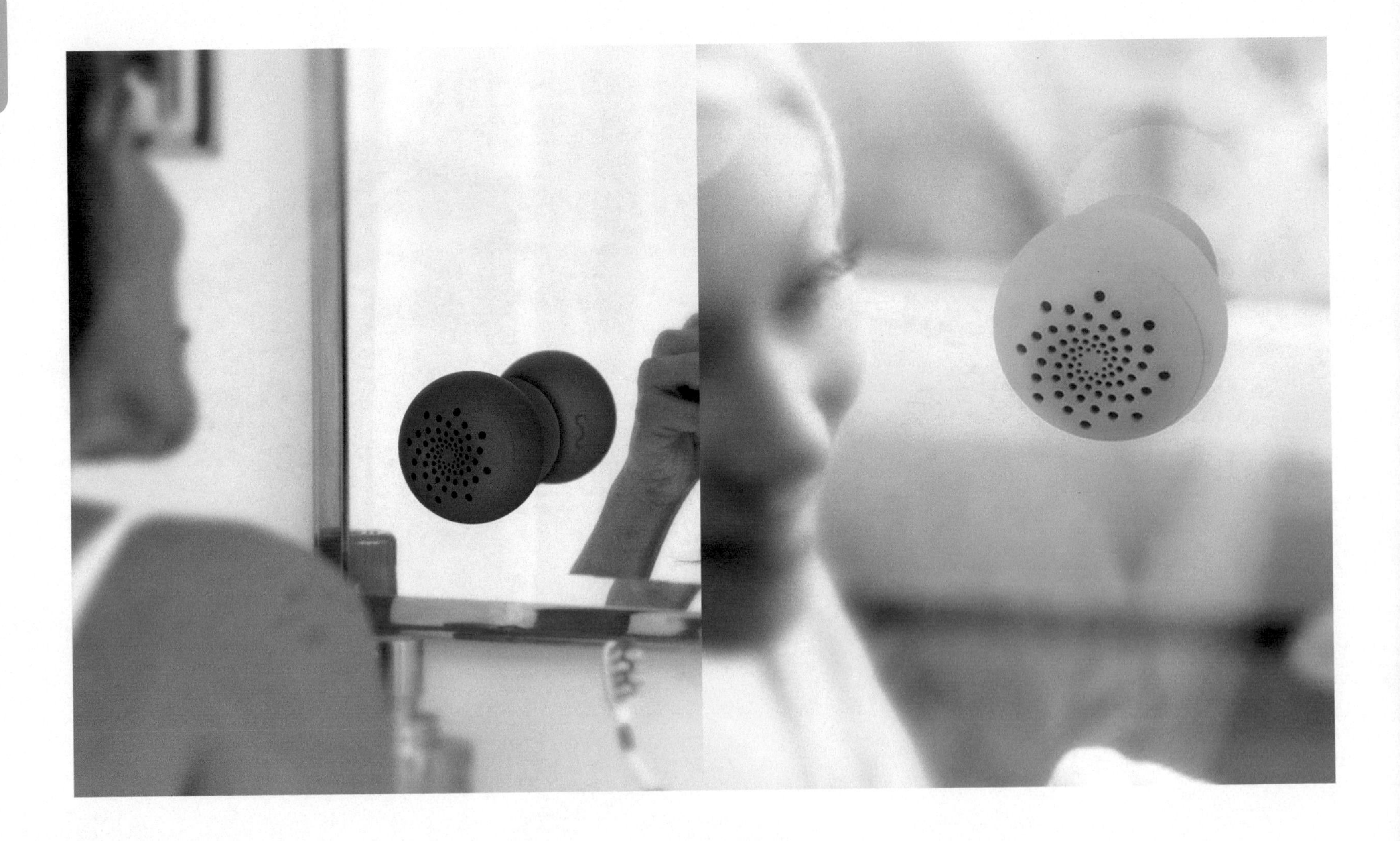

效果图

7.2.5 手板打样

用快速成型技术高效率、低成本地制作出一比一的实物模型。

7.2.6 硬件设计

合理的硬件设计，对产品的功能、外观及其性能等方面都有很大的提高，可以使用户有更好的使用体验。

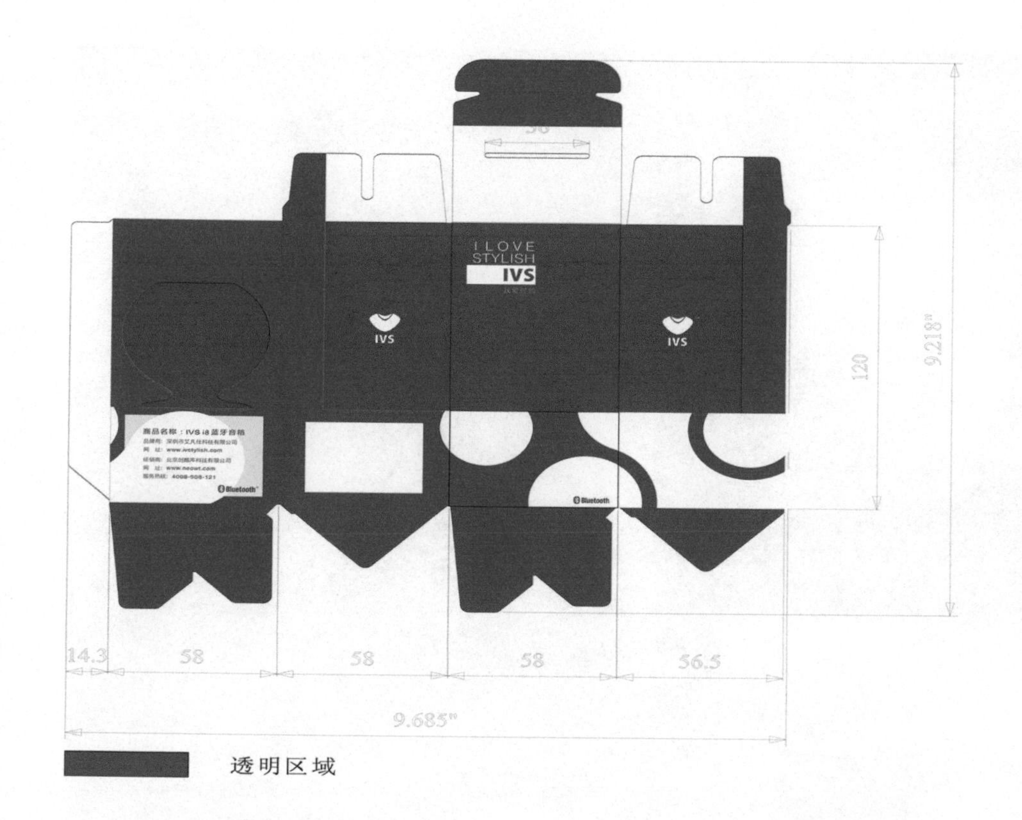

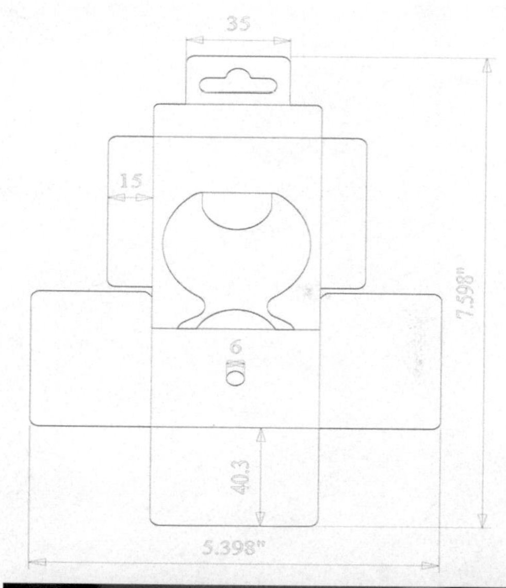

7.2.7 包装

在包装设计上大量运用不同的元素，使包装设计契合产品，达到彼此的统一协调。

7.2.8 使用场景

用户可以自己设计产品的使用环境和使用方法等，让每位用户都能成为自己生活的设计师，为生活增添无限乐趣。

7.2.9 实物拍摄

通过产品的实景拍摄，向用户讲述产品背后的故事，丰富产品的语义形态，同时也是网络推广的好素材。

扫码看扩展案例

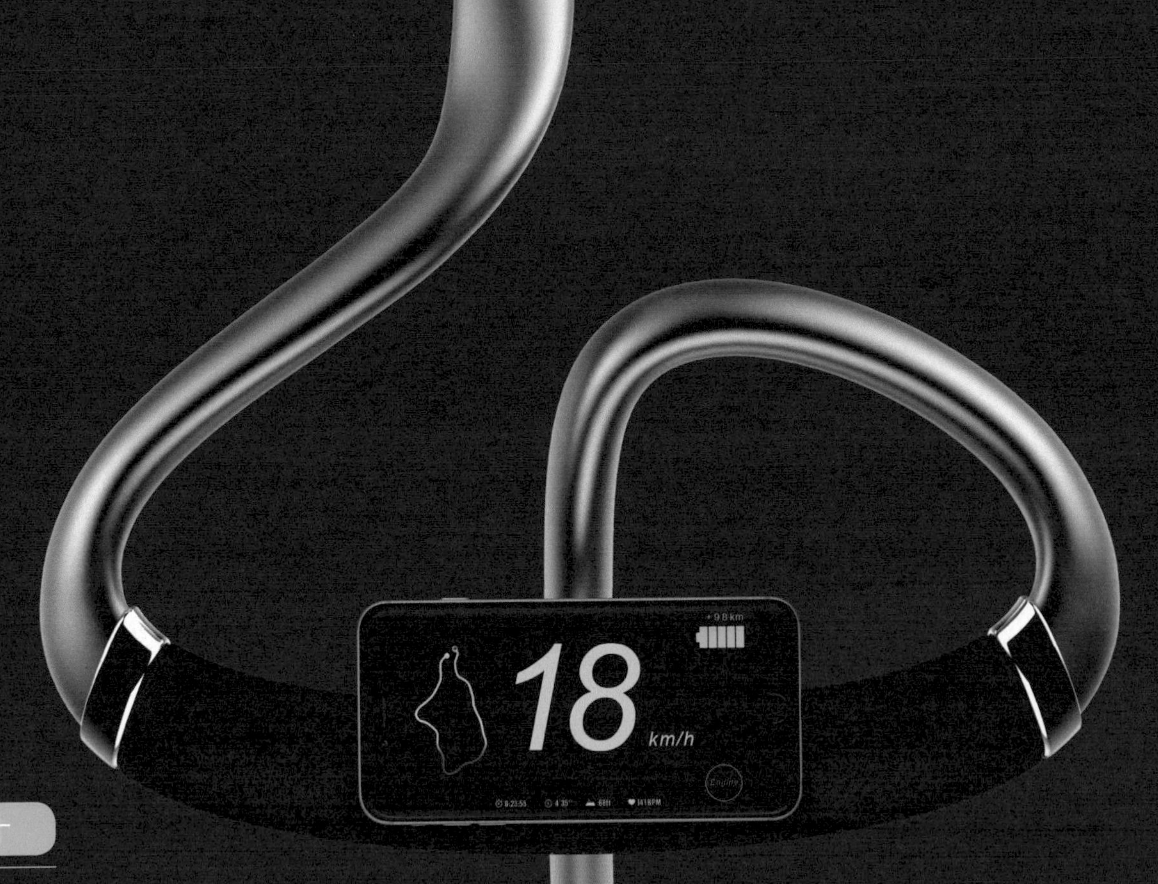

7.3 天鹅平衡车设计

设计公司：深圳圆设计有限公司

生产商：杭州萝卜科技有限公司

厚重型

轻便型

时尚简约型

流线型

?

7.3.1 市场调研

对市场现有产品造型风格、类别、价格、市场反馈等进行调查对比，找到相应的市场空白及设计方向。

7.3.2 设计风格 / 设计意向图

根据前期市场调研反馈，确定最终设计方向为流线型设计，故在确定设计意向图时以此风格为主。最终以天鹅为原型，采用仿生的设计手法对意向素材进行最终的设计提炼。

设计草图推敲

7.3.3 3D 建模渲染

通过计算机辅助设计软件（Rhino、3ds Max）渲染出更加接近量产时的效果，进一步验证项目可行性。

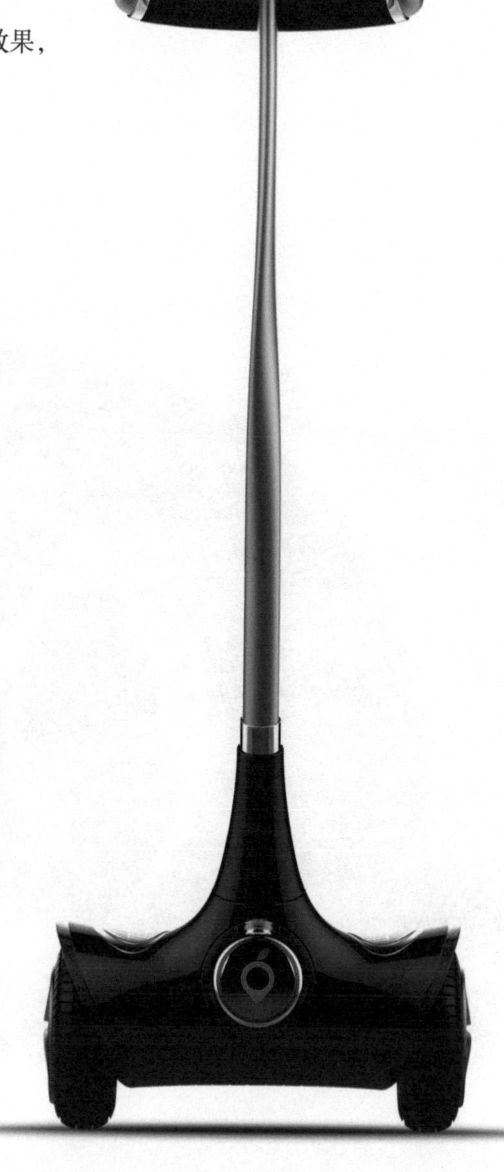

3D 建模渲染图

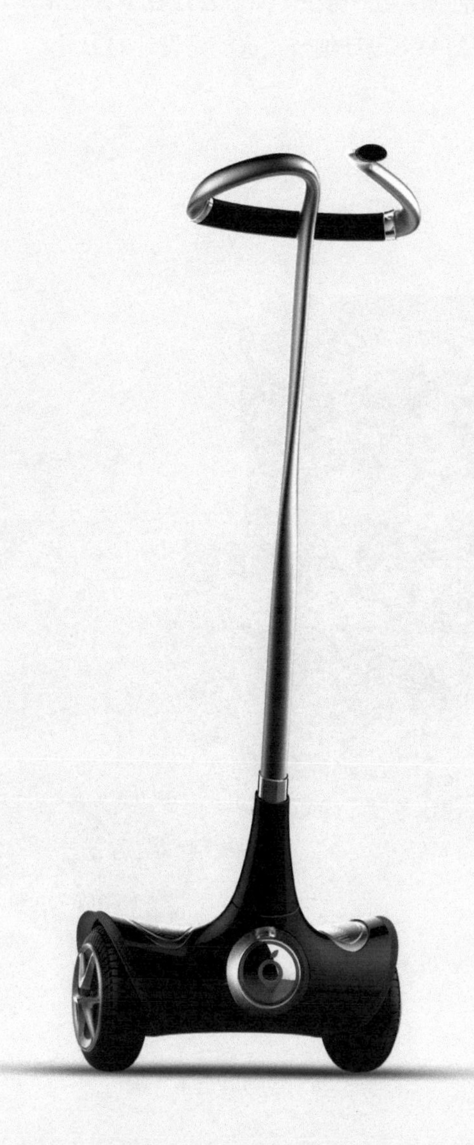

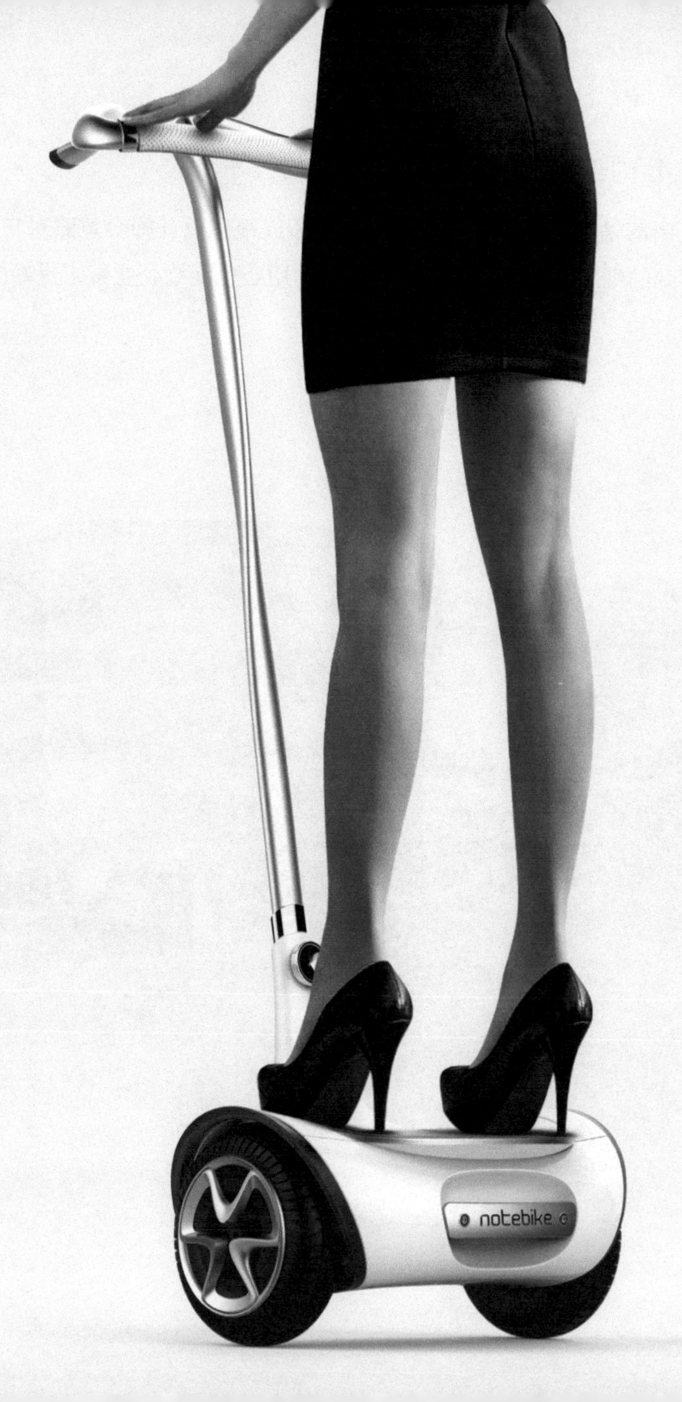
notebike

7.3.4 内部结构设计

内部结构设计用户几乎看不到，所以很多设计师会忽略对它的设计。但苹果等一些大公司在产品研发过程中会把很多用户看不到的细节都设计得很完美，这样的用心也能给企业带来更好的口碑。不忽视任何一个设计细节，这就是设计的力量。

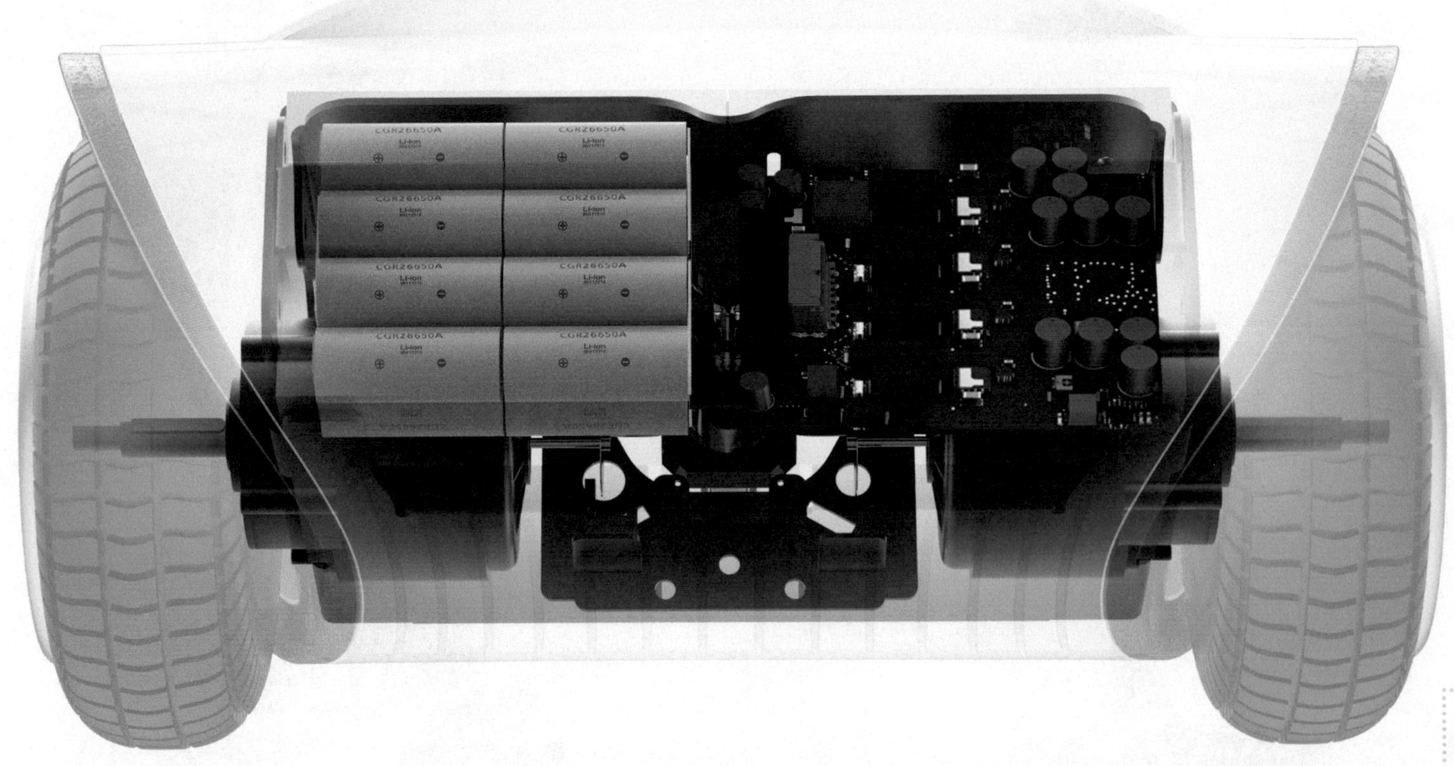

扫码看扩展案例

7.4 移动电源设计

设计公司：深圳圆设计有限公司

生产商：深圳维尔尚科技有限公司

7.4.1 市场调研

对市场现有产品进行调研，对比产品设计形态和色彩、用户群体定位和使用感受，找到设计切入点。

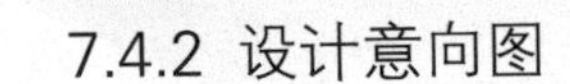

7.4.2 设计意向图

经过前期市场调研我们发现，现有产品大多形态方正、刚硬、缺乏情感，所以把消费人群定位为女性，相对应地找了一些流线型、色彩偏浅、材质光洁剔透的素材。

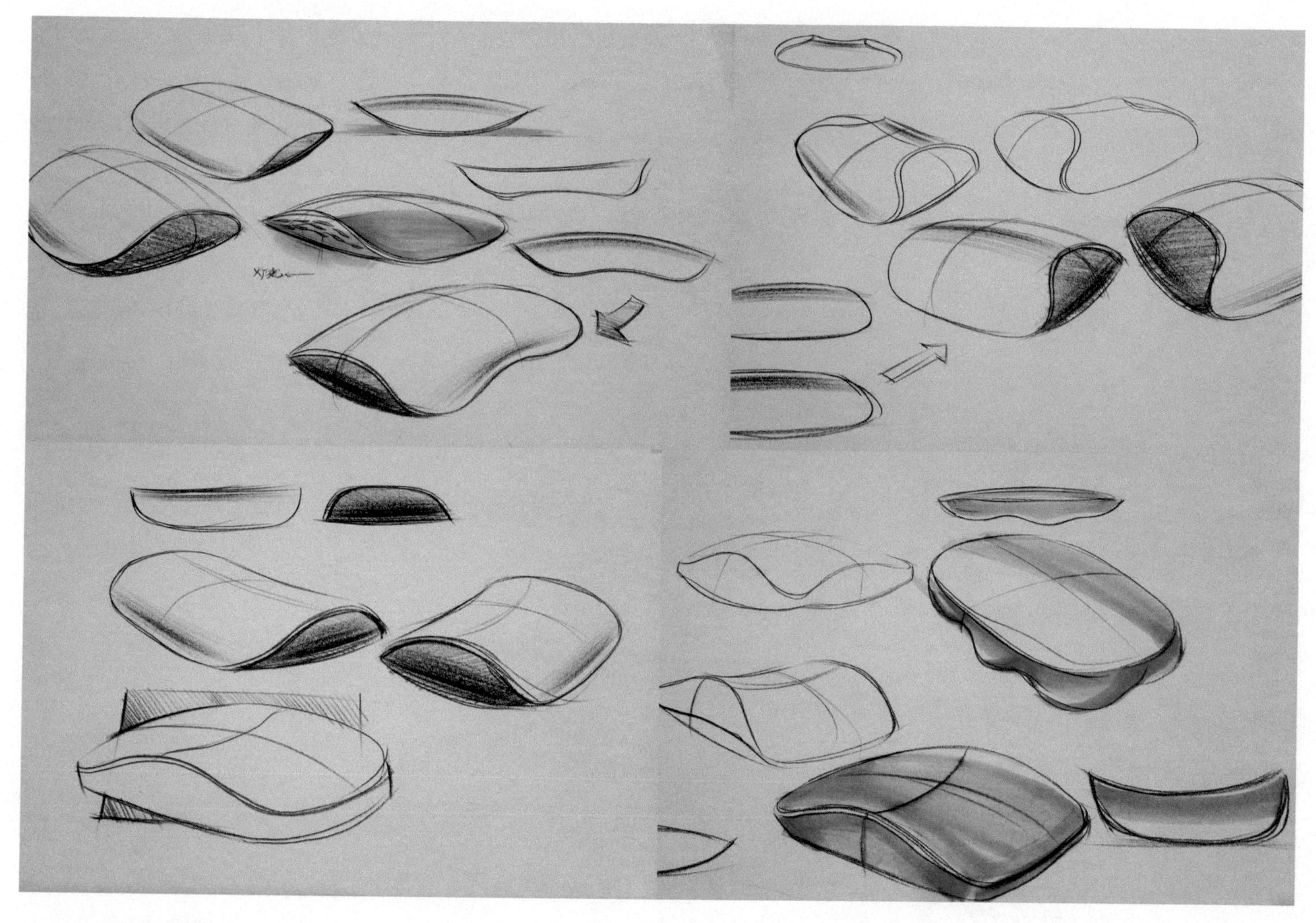

7.4.3 设计草图

根据设计意向图进行前期草图方案的发散，此时的草图发散一定要充分表现出设计意向素材的气质，即产品形态、色彩、材质特征的提取与表达。

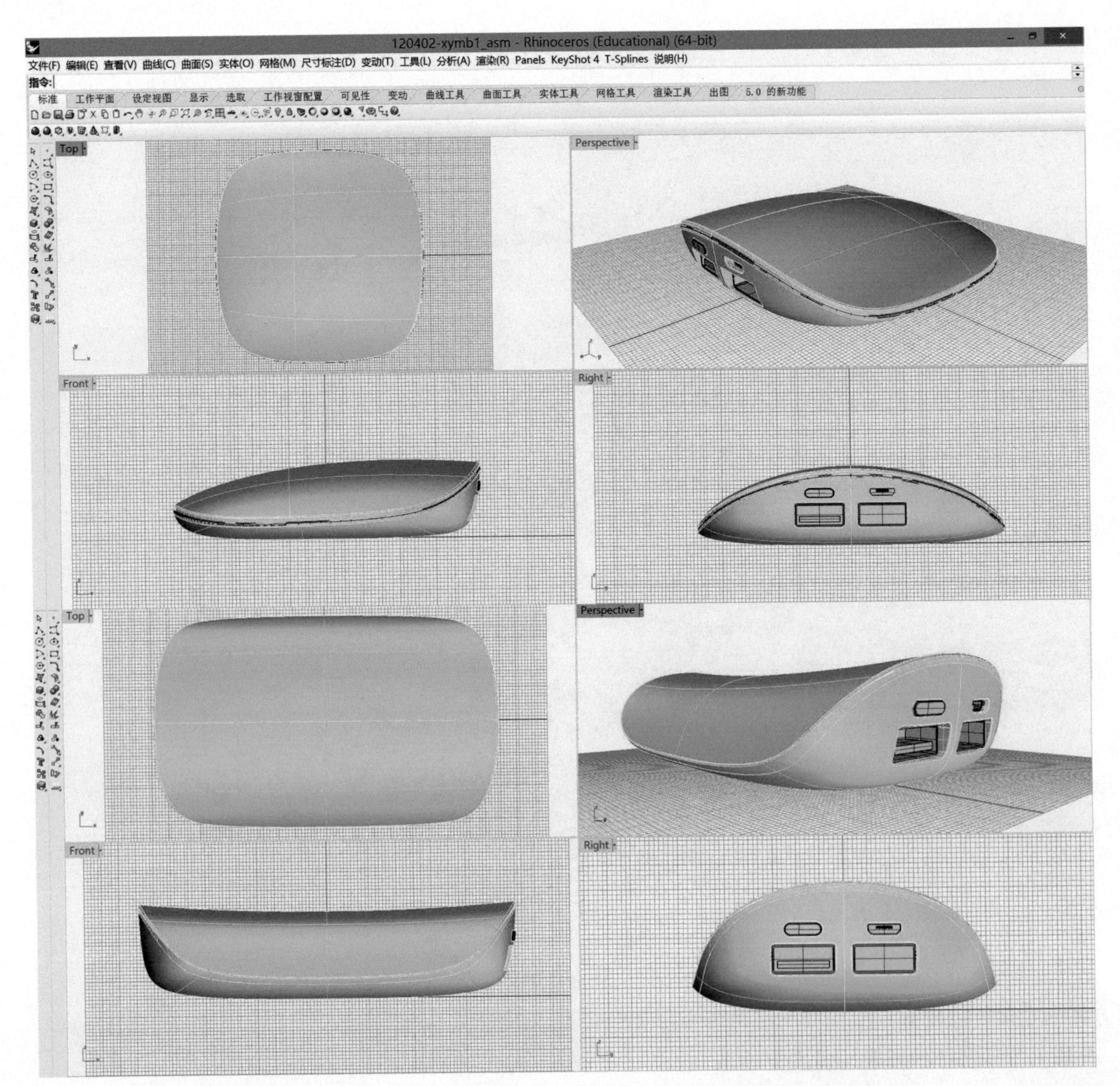

7.4.4 3D 建模

对最终细化的设计方案进行3D 建模，通过计算机辅助设计验证设计的可行性。

7.4.5 3D 渲染效果图

通过渲染软件虚拟出具有真实质感、逼真、富有艺术感的渲染效果图。

3D 渲染效果图

7.4.6 手板模型

对最终设计方案进行一比一手板制作，验证设计最终比例、色彩、工艺的可行性。

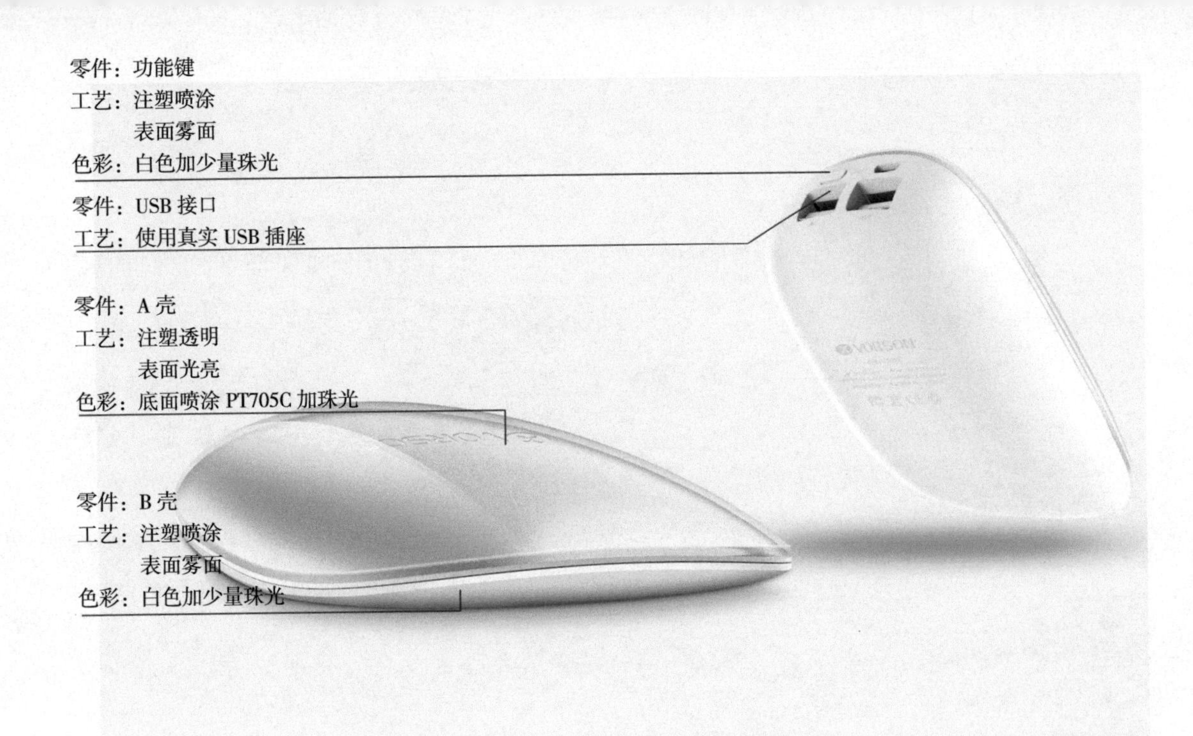

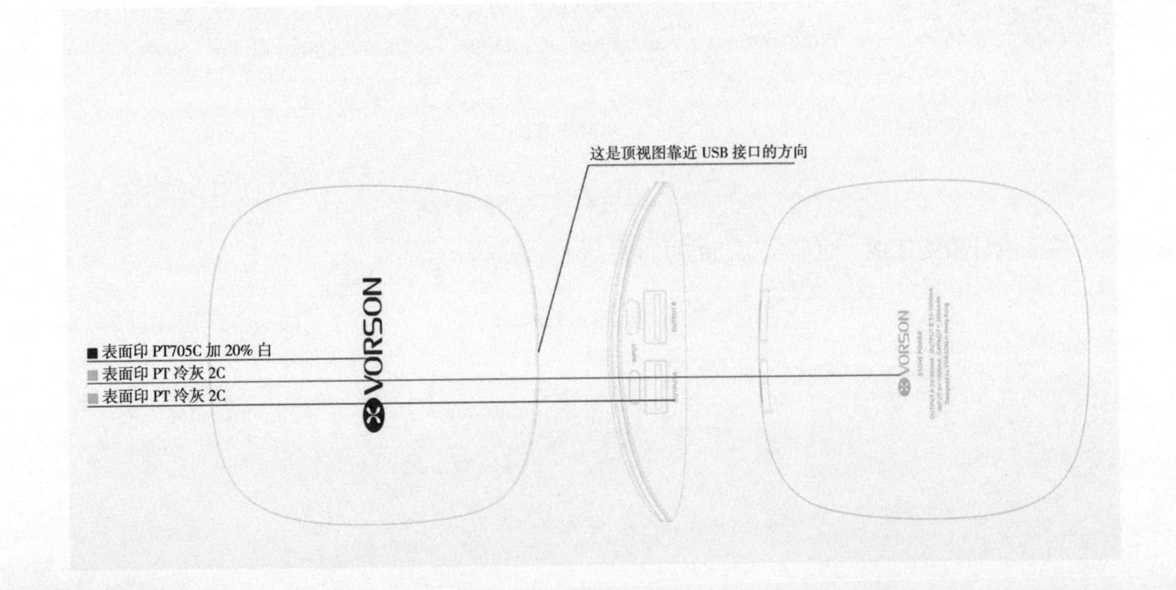

7.4.7 工艺与丝印

工艺与丝印图都是提供给工厂加工生产时参照的标准，设计师要充分了解材料及加工工艺的特性，这样才能在设计初始把控好整个设计质量。

量产实物展示

扫码看扩展案例